U0149690

ZHONGGUO CHENGSHI KONGJIAN KUOZHANG DE
SHENGTAI HUANJING XIAOYING YANJIU

# 中国城市空间扩张的
# 生态环境效应研究

张兵兵 ◎ 著

中国财经出版传媒集团

经济科学出版社
Economic Science Press

图书在版编目（CIP）数据

中国城市空间扩张的生态环境效应研究/张兵兵著．
－－北京：经济科学出版社，2022.10
ISBN 978 - 7 - 5218 - 3948 - 7

Ⅰ.①中… Ⅱ.①张… Ⅲ.①城市空间－研究－中国
②城市环境－生态环境－研究－中国 Ⅳ.①TU984.2
②X321.2

中国版本图书馆 CIP 数据核字（2022）第 156835 号

责任编辑：崔新艳　梁含依
责任校对：王肖楠
责任印制：范　艳

中国城市空间扩张的生态环境效应研究
张兵兵　著
经济科学出版社出版、发行　新华书店经销
社址：北京市海淀区阜成路甲 28 号　邮编：100142
经管中心电话：010 - 88191335　发行部电话：010 - 88191522
网址：www.esp.com.cn
电子邮箱：espcxy@126.com
天猫网店：经济科学出版社旗舰店
网址：http://jjkxcbs.tmall.com
北京季蜂印刷有限公司印装
710 × 1000　16 开　14.25 印张　220000 字
2022 年 10 月第 1 版　2022 年 10 月第 1 次印刷
ISBN 978 - 7 - 5218 - 3948 - 7　定价：68.00 元
（图书出现印装问题，本社负责调换。电话：010 - 88191510）
（版权所有　侵权必究　打击盗版　举报热线：010 - 88191661
QQ：2242791300　营销中心电话：010 - 88191537
电子邮箱：dbts@esp.com.cn）

　　本书是国家社会科学基金一般项目"'双循环'赋能中国经济高质量发展的实践路径研究"（项目编号：21BJL102）及国家社会科学青年项目"中国城市扩张的动态演化机制及生态环境效应研究"（项目编号：18CJY019）的研究成果。

# 前言

　　进入新发展阶段，尽管面临新冠肺炎疫情防控压力和外部环境不确定性上升的风险，我国经济发展仍然取得巨大成就。2021年GDP规模约为114.4万亿元，同比增长8.1%，占全球经济比重超过18%；自1978年以来，我国城市化率年均增长1.09个百分点，到2021年已达到64.72%。① 新发展格局下中国经济发展和城市化建设取得令人瞩目的成就，但我们还应看到与城市化水平持续上升相伴而来的城市空间扩张问题的显现及生态环境问题的凸显。从发达国家的经验来看，城市空间扩张现象多发生在城市化相对成熟的阶段，但我国的城市空间扩张却早在城市人口尚不及总人口一半之时就已出现，并随之产生一系列生态环境问题，如城市重度雾霾污染事件频发。城市雾霾污染已呈现涉及范围广、爆发频率高、治理难度大、常态化的特征。因此，进入新时代如何实现城市空间扩张及治理由其引致的生态环境问题、加快形成生态文明建设制度体系的长效机制和实施路径，已成为推进我国经济绿色可持续发展的当务之急。本书通过对已有文献的归纳和梳理，发现有关城市空间扩

---

　　① 原始数据来源于2021年国民经济和社会发展统计公报，增长率由笔者基于原始数据计算得到。

张"后果"的研究中，多数都关注城市空间扩张的经济效应，却忽略了城市空间扩张的生态环境效应，进一步探究多中心城市或多中心集聚影响城市生态环境的内在机理并进行实证检验的文献则更少。因此，本书首先从通勤距离、时间及出行方式的改变、城市建筑及基础设施建设、环境规制强度的差异等视角对城市空间扩张和多中心集聚影响生态环境的作用机制进行深入解析。其次，分别运用中国地级及以上城市的面板数据对该作用机制进行实证检验。再次，实证考察城市空间扩张的生态环境效应，主要包括城市空间扩张导致碳排放增加和多中心结构导致雾霾污染加剧两个方面。最后，从理论和实证层面厘清城市创新和环境立法两条路径的生态环境治理效应。这为解决我国城市化进程中出现的低效率无序扩张和生态环境约束以及实现新时代中国经济绿色健康可持续发展提供相应的理论指导和实证依据。具体而言，本书的主要结论如下。

第一，通过对城市空间扩张相关文献的归纳和梳理，发现市场经济是推动城市空间扩张的重要因素，本书从中国基本国情出发，以外商直接投资为切入点，深入探究中国城市空间扩张的成因之谜。首先，对外商直接投资影响城市空间扩张的作用机理进行深入分析。其次，运用OLS估计方法进行实证检验，发现外商直接投资对城市空间扩张具有显著的正向影响；为了解决可能存在的内生性问题，本书还使用两阶段GMM模型再次进行回归分析。同时，为了验证外商直接投资流入的区域差异对城市空间扩张产生的异质性影响，将全部研究样本划分为东部城市群和中西部城市群进行了稳健性检验。最后，分别使用"胡焕庸线"东南一侧城市群以及变换被解释变量两种方法再次进行了实证检验。

第二，城市空间扩张不仅会对城市生产效率产生影响，也会诱发生态环境问题。遗憾的是，现有研究城市空间扩张影响生态环境的文献较少，而进一步探究多中心集聚影响城市生态环境作用机制的文献更少。本书从以下三个视角阐述了城市空间扩张和多中心集聚影响城市生态环境的作用机制。（1）城市空间扩张往往会导致公共交通设施配置的相对滞后，使得就业和工作地相距较远的居民在通勤时不得不更多地依赖私家车。通勤时间成本和机会成本的增加及出行方式的改变，也意味着更多的能源消耗，客观上也增加了环境污染物的排放，破坏了环境质量。（2）城市空间扩张意味着人们居住、生活和经济的活动空间得以扩大，客观上拉动了城市建设需求，也意味着城市建筑、基础设施项目的增多和城市建设施工进程的大力推进，伴随而来的是能源消耗及粉尘、烟尘等污染物排放的增加，影响城市生态环境。（3）城市空间扩张也会使得制造业企业出于租金等成本考虑迁至城市外围，远离居民集聚区。制造业外迁最为直接的影响便是降低原来周围居民的生活环境污染水平，但也可能存在迁入地区政府为吸引企业进驻而放松环境保护监管，同时迁出企业也会出于降低成本考虑而忽视环境保护，两种因素的叠加导致环境规制的弱化，因而不利于改善生态环境。

第三，中国虽然已经进入经济增长的"新常态"，但工业化和城市化快速推进的趋势并未改变，这也意味着工业化和城市化双重因素叠加所引致的碳排放压力还会持续加大。鉴于此，本书运用DSMP/OLS夜间灯光数据和Landscan全球人口动态分布数据构建了2001～2013年中国273个城市全新的蔓延指数，并运用top - down估计方法对城市层面的二氧化碳排放进行测算。同时，运用双向固定效应模型实证检验了城市空间扩张对二氧化碳排放的影响。结果显示：（1）城市空间扩张会导致二氧化碳排放增加，但随着城市人口规模的扩大，这种影响将有所减缓；（2）在考虑城市异质性情形下，相较于省会城市，地级市的城市空间扩张对二氧化碳排放的增长将产生更为显著的影响。

第四，多中心空间结构有利于降低雾霾污染，但其对雾霾污染的影响受城市间的平均距离以及经济发展水平制约。就缩短外围城市到核心城市之间的距离而言，提升城市间的基础设施建设水平以及推进交通运输部门的技术进步是降低雾霾污染的有效手段。本书运用2SLS和IV-FE等多种计量方法对省域内多中心空间结构影响雾霾污染的作用机制进行实证检验，发现多中心的空间结构有利于降低雾霾污染。基准回归结果显示，多中心指数每增加1%，雾霾污染将会降低0.212%~0.293%；在考虑内生性之后，多中心指数每增加1%，雾霾污染将会下降更大幅度，处于1.46%~2.67%。在进一步分析中，本书又着重考察了省域内各城市之间的平均距离、省域内各城市到中心城市的平均距离以及省域经济发展水平对多中心空间结构影响雾霾污染的调节效应，结果表明，只有在省域内各城市之间的距离适中且经济发展水平较高的情境下，经济活动的多中心空间分布才更有利于降低雾霾污染。

第五，城市创新不仅是实现城市高质量发展的重要推手，也是践行国家创新驱动发展战略、促进"双循环"新发展格局形成的重要一环。对此，本书选取雾霾污染作为城市空间扩张引致环境污染指标的代理变量，运用2001~2016年地级及以上城市的经验数据进行实证检验，尝试从理论与实证层面厘清城市创新和雾霾污染的因果联系，为有效提高环境绩效提供了实证支持。调查结果显示，城市创新水平的提升有利于减少雾霾污染，且城市创新对人力资本、金融发展以及基础设施水平较高城市的减霾效应更为显著。技术升级效应、结构优化效应以及资源集聚效应是城市创新减少雾霾污染、提高城市环境绩效的重要传导渠道。值得注意的是，城市创新存在门槛效应，越过门槛值之后才会产生减霾效应。技术驱动型与紧凑集约型城市发展模式能强化创新的减霾效应，而制度创新型与空间扩张型城市发展模式则会抑制创新的减霾效应。

第六，完善城市环境立法体系，促进企业绿色转型是贯彻新发展理念及为城市空间扩张过程中的生态环境治理提供保障的有效路径。对此，本书以松弛向量度量的 DSBM 模型测算得到企业绿色全要素生产率（GTFP），将其作为衡量企业绿色转型的代理变量；将城市环境立法纳入异质性企业局部均衡分析框架，揭示其影响企业 GTFP 的内在机理；然后，以城市环境立法为准自然实验，运用双重差分模型对上述机制进行多重实证检验。结果显示：（1）城市环境立法的实施有利于推动企业绿色转型升级；（2）城市环境立法对非国有企业、低融资约束企业、低污染排放强度企业以及属于资本密集型行业、两控区与中原城市群企业 GTFP 的促进作用更显著，并且水、大气以及固体废弃物污染防治环境立法比综合性环境立法对企业 GTFP 的影响更大；（3）相比于污染防治的末端治理，激励企业增加前端预防的投资力度更有利于提升企业 GTFP。此外，运用 simhash 算法量化 662 件法律文本的研究还发现，随着城市环境立法强度的增加，其对企业 GTFP 的提升效应更为显著。

综上，经验研究的落脚点是要提出有针对性的对策建议，以供实际发展借鉴与参考。本书针对如何形成有效的制度设计破解城市空间扩张引致的生态环境难题及促进中国城市经济高质量发展进行了策略分析，提炼出了推动跨区域联防联控、强化城市生态环境协同治理等相关政策建议，并在此基础之上指出了进一步的研究方向。

张兵兵

2022 年 6 月 26 日

# 目　　录

# 第 1 章

# 绪　　论

本章作为导论，主要介绍了写作背景、研究目标、研究意义及创新之处等，帮助读者对本书有一个简约的认识与宏观的把握。

## 1.1
## 问题的提出

### 1.1.1　选题背景

城市空间扩张是发达国家在 20 世纪中后期城市化进程中面临的一个重大问题，也是当前城市经济学关注的热点问题。所谓城市空间扩张是指城市空间形态的变化，主要包括边缘式和飞跃式两种形态。由于发达国家城市化进程起步较早且水平较高，所以城市空间扩张现象多发生在城市化相对成熟的阶段。与之不同的是，我国城市空间扩张现象却发生在城市化快速推进时期，甚至在城镇人口尚不及总人口一半之时就已显现。我国城市空间呈现"摊大饼式"的低密度快速扩张态势与我国早期在快速推进城市化进程中的相关模式是密不可分的（李强和杨开忠，2007；陈钊和陆铭，2014）。同时，现有的土地财政体系和城乡二元户籍制度使得我国城市空间扩张在形成机理和外在表现上也具有一定的特色（李永乐和吴群，2013；郭志勇和顾乃华，2013）。在我国，政府可以借助城市规划及基础设施建设影响一个城市的空间布局（秦蒙等，2016），还可以通过税收和补贴等措施影响城市空间形态。正因如此，我国城市建设用地扩张速度要远高于人口增长速度。2020 年我国城市建设用地面积为 58355.3 平方公里，相比 1978 年增长了约 10 倍，年均增幅为 6.07%，呈现出持续高增长的态势。这里需要特别指出的是在所有城市中，省会城市和计划单列市最为明显，其城市建设用地占全国比重多达一半以上。2020 年该类城市人均建设用地面积增长 5 倍之多，同时用地效率较为低下。

事实上，国外相关学者很早就开始针对城市空间扩张的"前因"，即城市空间扩张的形成机理展开了相关研究。有学者（Henderson J V and Ioannides Y M，1987；Burchfield M et al.，2006）认为城市空间扩张是多方面因素共同作用而产生的，如市场力量和交通设施的改善甚至是社会文化的变迁。秦蒙等（2016）则认为我国城市空间扩张的成因与美国等西方发达国家并不相同，可能隐藏着与国内社会现实相关的某种未知原因。他们从土地财政和区域竞争两个维度对土地出让行为影响城市空间扩张的深层机制进行解析。刘修岩等（2016）构建了全新的城市蔓延指数与城市边界人口密度指数，实证检验了市场不确定性对中国城市空间扩张的影响。结果发现，市场不确定性的增加的确提高了中国城市的蔓延水平，经济波动带来的市场不确定性是影响中国城市空间结构的关键因素。这种低密度快速扩张可能导致土地资源的巨大浪费和绿色空间被侵占等问题。正如王家庭等（2014）的研究所显示的，与城市空间扩张相伴而来的是无序扩张过程中能源消耗的增加以及环境污染物排放的增多。对此，已有部分学者开始对城市空间扩张的"后果"，即城市空间扩张引致的社会经济和生态环境等问题展开了研究（刘修岩等，2016；李强和高楠，2016；魏守华等，2016）。

那么，不论是何种形态的城市空间扩张，都不可避免地要回答如下两个问题。第一，城市空间扩张的"前因"到底是什么？换言之，是什么样的因素导致了城市空间扩张？国内外学者针对城市空间扩张"前因"的表述虽然有所差异，但也有一定的共通之处，即"有形之手"的驱动。例如，国家最新的规划显示，将北京、上海、广州、深圳定位为全球城市，而将天津、南京、杭州等 11 个城市定位为国家中心城市。由此可见，中国城市规模的定位和空间扩张均会受到政府政策的影响。政府部门出台的各项规划更加彰显了这种意愿的存在，如《国家新型城镇化规划（2014~2020 年）》《京津冀协同发展规划纲要》和《新能源产业振兴和发展规划》的出台。德萨沃和苏晴（DeSalvo J and Su Q，2013）的研究指出了政府财政干预对城市空间扩张的影响。第二，城市空间扩张会引致什么样的"后果"？也就是说，城市空间扩张究竟会对城市的生态环境产生什么样的影响？目前，有关城市空间扩张"后果"的研究多侧重于实证分析其对城市生产效率所产生的影响（Fallah B N et al.，2011；秦蒙和刘修岩，2015），较少关注城市空间扩张所诱发的生态环境问题，而进一步探究多中心城市或多中心集聚影响城市生态环境的内在机理并进行实证检验的研究则更少。藤原武等（Fujiwara T et al.，2009）和刘修岩等（2016）也仅关注了城市空间扩张对能源消费和碳排放的影响。在中国，城市规模的定位和空间扩张还会严格受到政策的影响。因此，探究转型时期中国城市空间扩张的"前因"和"后果"具有很强的现实基础和研究价值。

## 1.1.2　研究意义

2021 年，全国 GDP 为 114.4 万亿元，同比增长 8.1%，经济规模稳居世界第 2 位；城市化率年均提高 1.2 个百分点，已达到 64.72%。① 新时代中国经济发展和城市化建设取得令人瞩目的成就，但我们还应看到与城市化水平持续上升相伴而来的城市空间扩张问题的显现及生态环境问题的凸显。从发达国家的经验来看，城市空间扩张多发生在城市化相对成熟的阶段，但我国的城市空间扩张却早在城市人口尚不及总人口一半之时就已出现（王家庭和

---

① 资料来源于 2021 年国民经济和社会发展统计公报，增长率由作者基于原始数据计算得到。

张俊韬，2010），并随之产生一系列生态环境问题，如城市重度雾霾污染事件（PM2.5）的频发。城市雾霾污染已呈现涉及范围广、爆发频率高、治理难度大、常态化的特征（邵帅等，2016）。因此，新时代如何实现城市空间扩张及治理由其引致的生态环境问题，加快形成生态文明建设制度框架的长效机制和实施路径，走出一条"创新、协调、绿色、开放、共享"五大发展理念引领的新型城市化道路，不论从理论层面还是实践范畴上均具有研究价值和意义。

1. 理论意义

第一，拓展、丰富和完善我国城市空间扩张的相关理论研究。不能照搬西方现有的理论来研究我国的城市空间扩张问题。在现代城市空间的扩张进程中，由于单中心城市在达到一定规模之后往往会出现结构性集聚不经济现象，因此现代城市空间形态的扩张不再是同心圆式的围绕单一住宅区模式，而是呈现出不同功能分区的多中心集聚模式，如城市核心区域集聚服务业，城市次级中心集聚制造业，城市郊区集聚大学城。伴随着我国经济发展水平的不断提升，经济发达地区的一线城市如北京、上海、广州和深圳以及新一线城市成都、杭州、苏州和南京等也逐渐呈现出这一趋势。因此，在探究我国城市空间扩张的演化机制时，应明晰城市化过程中出现的新趋势和新特点，并对这一过程进行深入的理论解析。

第二，拓展、丰富和完善我国区域经济学、城市经济学和环境经济学等交叉学科领域的研究方向。现有城市空间扩张的相关研究多关注其经济效应，即城市空间扩张对生产率的影响，忽略了城市空间扩张的生态环境效应，而进一步探究多中心城市或多中心集聚影响城市生态环境内在逻辑与作用机制的研究则更少。我国城市空间的低密度快速扩张过程中引致的生态环境问题日益凸显，这是我国城市空间关联作用下负外部性所导致的结果，同时在学术研究上也是进入新时代基于不同学科兴起的新研究热点，不仅有利于交叉学科的深度融合，也有利于得出更具价值的研究结论。

具体而言，城市空间扩张和多中心集聚可以通过以下三个作用路径来影响生态环境。（1）城市空间扩张和多中心集聚通过改变交通出行时间、距离及方式来影响城市生态环境。城市空间扩张和多中心集聚对交通通勤的影响是复杂的，现有的研究并没有定论。之所以如此，主要原因在于城市次级中心的居住和就业能否实现平衡。同样的判断也适用于交通通勤，如果多中心城市的不同中心均可以实现居住、就业及生活功能的平衡，且就近中心区域可以满足职工所有出行需求，那么交通出行距离的降低必然会减少交通能耗，改善生态环境。（2）城市空间扩张和多中心集聚通过城市建筑及基础设施建设来影响生态环境。城市空间扩张和多中心集聚意味着居民生产和生活空间的扩大，而其直观的体现便是城市建筑及对基础设施需求的增加。城市建筑及基础设施不论是在建造过程中还是完成之后都会消耗能源，也会影响生态环境。此外，随着居民生活水平的不断提升，各种家用电器的广泛使用必然会进一步提高城市建筑运行过程中的能源消耗，显然这并不利于生态环境的改善。（3）城市空间扩张和多中心集聚借助各区域不同的环境规制强度，通过影响微观主体的区位决策来影响生态环境。基于功能分区的考虑，工业企业不再集聚于城市中心，而是基于"成本—收益"的权衡搬迁至专业化的工业园区，这可能影响原来区域和新区域的环境保护。

2. 实践意义

第一，科学认知和识别城市空间扩张的生态环境效应，并基于中国地级及以上城市的经验数据，运用合理的计量方法检验城市空间扩张是否符合我国国情和特色的城市化发展道路，为有效管控城市空间扩张，实现城市经济高质量发展提供实证依据。目前，国内学者针对我国城市空间扩张的动态演化机制及其引致生态环境效应的研究仍处于起步阶段。因此，明晰城市空间扩张的动态演化机理，科学认知和识别城市空间扩张影响城市生态环境的作用机制与作用强度，有助于有效管控城市空间扩张及治理城市空间扩张负外部性所带来的一系列问题，从而为实现城市经济高质量发展提供实证借鉴和依据。

第二，科学规划城市空间结构，并以此为重要抓手，有效治理环境污染，确保节能减排目标的实现，促进城市经济向高质量发展转变。早在 2014 年，我国就已经开始在北京、上海、南京等 14 个城市探索城市开发边界划定试点工作，这充分说明政府已经意识到城市无序蔓延和低效扩张的不可持续性及其引致生态环境问题的严重性。因此，深入探究我国城市空间扩张的动态演化规律及科学识别城市空间扩张的生态环境效应，对于推动城市发展由外延扩张向内涵提升转变以及实现城市经济向高质量发展转变均具有很强的现实意义。

1.2

# 相关概念界定

## 1.2.1 城市空间扩张与城市蔓延

城市空间扩张多指城市空间形态的变化，主要包括边缘式和飞跃式两种形态；从扩张速率上来看，又可以分为缓变型和稳定型，其扩张的动因多是城市经济发展需求。当城市建设用地"吞没"了郊区和农村地区，并且城市建设用地的增长速度超过了人口增长速度，这种城市空间的低密度快速扩张便可以称之为城市蔓延。城市蔓延是发达国家在 20 世纪中后期城市化过程中所面临的一个重大问题，也是当前城市经济学所关注的热点问题。所谓城市蔓延是指城市空间规模的快速低密度扩张，城市活动由中心区域扩散至郊区外围，对机动车等通勤方式的需求迅速增加，城市形态呈现出低密度、分散化的特征。从城市空间扩张的形态来看，主要可以分为以下两种：第一，平面上的扩张，即城市在建城区面积的扩张速度超过人口的增长速度；第二，立体上的扩张，即城区高楼大厦林立，错落有致，集聚形成不同的功能区，由单中心城市演化为多中心城市。例如，北京市作为首都不仅在市中心集聚了服务业，还在外围的顺义区、亦庄经济技术开发区、大兴区集聚了制造业，石景山区和昌平区则集聚了创意产业和大学城。南京作为全国著名科教名城，不仅有江宁大学城和仙林大学城，同时还有 9 个软件园区，如江宁软件园、徐庄软件园、雨花软件园和江东软件园等。因此，从概念的本质上来讲，城市空间扩张与城市蔓延具有高度的内在一致性。

## 1.2.2　城市空间扩张及多中心集聚

在城市空间扩张进程中，由于单中心城市在达到一定规模之后往往会出现结构性集聚不经济现象。贝尔托（Bertand A，2003）指出多中心集聚（Polycentric agglomeration）是拥有 500 万以上人口的大城市基于"成本—收益"权衡的最优空间分布形态。因此，国内外诸多城市开始出现次级中心，城市空间扩张开始由单中心城市逐步向多中心城市或多中心集聚演进。那么，在探究多中心城市或多中心集聚的形成条件和演化过程之前，本书对其进行了相应的概念界定。本书认为多中心城市或多中心集聚是指在具有社会经济活动功能的特定区域内，至少拥有两个或两个以上要素集聚中心，同时又存在一定协作关系，是开发规模均质对等和联系紧密的有机整体，并且在空间维度社会经济运行层面呈现一体化演进趋势的城市。从空间结构的内涵来看，多中心城市或多中心集聚从以下三个方面进行界定：第一，城市多中心集聚是由其内部多种要素的分布格局演化而成的城市空间及社会经济形态；第二，各种要素集聚而成的不同中心之间紧密联系、相互影响；第三，城市多中心集聚是城市空间形态和功能动态演化的结果，即是前两者之间架构和演绎的最终形态。因此，城市多中心集聚的完整内涵应具备如下特征：其外为多中心的静态格局；其内为多中心之间相互作用和影响；多中心之间的关系为动态互动模式。所以，不具备上述特征的城市，即使拥有多个中心，也不能称之为城市多中心集聚，只能被称为城镇聚落。同时，在"城市中心—城市次级中心—城市辖区中心—片区中心—社区中心"的空间等级结构体系下，城市多中心集聚还存在着水平分工和垂直分工相结合的专业化功能体系。

### 1.2.3　城市空间扩张的生态环境效应

有研究表明，城市空间扩张及多中心集聚对生产效率、环境污染的影响具有不确定性，这与城市规模有关（胡杰等，2014；杨子江等，2015）。法拉赫等（Fallah B N et al.，2011）的研究表明，城市空间扩张对城市生产效率具有负面影响且小规模城市受到的影响相对较轻。李强和高楠（2016）的研究显示，城市空间扩张对环境产生负向影响，对能源效率则有正向影响，这说明城市低密度快速扩张提高了城市能源利用效率，减少了城市环境污染。因此，城市空间扩张对生态环境的影响是否因城市规模差异而具有异质性呢？相较于小规模城市，大城市集聚了较多人口，更容易产生过度集聚、基础设施拥挤的负外部性，但大城市由单中心城市向多中心城市或多中心集聚演化的趋势可以有效缓解这些负面因素。此外，大城市空间扩张虽然可能会吞噬农田、湿地和森林等非城市建设用地，引致建筑污染，但由于大城市形成了多中心集聚，在一定程度上降低了单中心城市核心区域的人口密度，缓解了交通拥堵，降低了通勤的时间和机会成本，优化了出行方式。所以，大城市多中心集聚反而会降低环境污染。尽管现有研究尚未统一定论，但不可否认城市空间扩张会深刻影响城市生态环境。因此，鉴于二氧化碳和PM2.5在城市环境污染物中占据较大比重，本书将二者作为城市环境污染的首要污染物来实证考察城市空间扩张的生态环境效应。

## 1.3
## 研究思路、研究方法与技术路线图

### 1.3.1　研究思路

中国特色社会主义进入新发展阶段，明晰城市空间扩张的成因以及城市空间扩张和多中心集聚影响城市生态环境的作用机制，有利于我们掌握城市空间低密度快速扩张过程中的经济规律，也为解决城市化过程中出现的无序扩张、能源过度消耗问题及如何实现城市经济高质量发展提供相应的理论指导。本书的总体思路为：首先，对城市空间扩张的成因进行解析，以通勤距离、时间及出行方式的改变、城市建筑及基础设施建设和环境规制强度的差异等视角作为切入点，对城市空间扩张的生态环境效应进行深入剖析；其次，基于 DSMP/OLS 夜间灯光数据和 Landscan 全球人口动态分布数据构建城市蔓延指数和城市边界指数，运用 ArcGIS 软件并结合行政区域矢量图提取城市层面 PM2.5 数据，采用夜间灯光亮度数据的灯光灰度值（DN 值）对城市人均二氧化碳和单位面积二氧化碳进行时空模拟，运用合理的计量方法实证分析城市空间扩张对城市生态环境的影响；最后，基于理论和实证分析所得出的结论，针对城市化过程中生态环境凸显的问题，从城市创新和城市环境立法的角度探索治理方法，提出系统性的政策建议和差异化实施路径。

本书共分为九章。第 1 章、第 2 章阐述了本书研究的背景和研究内容，并对相关理论和文献内容进行了回顾与梳理；第 3 章以外商直接投资为切入点，深入探究中国城市空间扩张的成因之谜；第 4 章基于多中心城市和多中心集聚理论，从交通出行时间、距离及方式的改变、城市建筑及基础设施建设、环境规制强度的差异对微观主体区位决策的影响等视角切入，深入分析其对城市生态环境的作用机理；第 5 章基于经验数据深入考察城市空间扩张的碳排放效应，这也是对城市空间扩张环境效应研究的丰富和有益补充；第 6 章将对通过降低运输距离的减排效应与提高企业入园质量的门槛效应来减少雾霾污染的作用机制进行深入分析，运用相应的计量方法对其作用机制进行实证检验；第 7 章通过厘清城市创新的减霾效应，深入探究城市空间扩张的生态环境治理方法，并基于经验数据和计量模型进行实证检验；第 8 章从城市环境立法角度进一步考察城市空间扩张的生态环境治理保障；第 9 章基于理论机制的解析和计量方法的实证检验得出本书的主要结论与政策建议。

## 1.3.2 研究方法

第一，文献研究法。通过对国内外期刊、图书及文献数据库的检索，对城市空间扩张及生态环境问题相关理论、实证及研究成果与最新进展进行归纳、梳理与比较分析，为本书研究提供理论支撑。

第二，实证研究法。传统的经济学研究往往侧重于定性分析，主要依靠研究人员的实践经验和主观判断分析能力探究事物的性质和发展趋势，缺乏准确的量化分析，易受研究人员主观判断的影响，在使用范围上存在较大的限制。因为科学研究的对象包含质和量两方面，不仅要对其进行质的研究，还要重视量的分析，以更准确地把握其本质特征。本书基于 DSMP/OLS 夜间灯光数据和 Landscan 全球人口动态分布数据构建中国城市蔓延指数和城市边界指数；基于卫星监测的全球 PM2.5 浓度年均值的栅格数据，运用 Arc-GIS 软件并结合行政区域矢量图提取中国城市层面的 PM2.5 数据；分别采用物料衡算法和基于稳定夜间灯光亮度 DN 值较为准确地估算城市层面的二氧化碳排放数据；综合运用 OLS、2SLS 和 IV – FE 等多种计量方法进行定量分析。

## 1.3.3 技术路线图

首先，本书通过对既有文献、相关理论的梳理，结合区域经济学、城市经济学和环境经济学等交叉学科构建相应的理论分析框架；其次，本书对中国城市空间扩张的成因进行解析，深入探究其影响城市生态环境的作用机理；再次，在理论分析的基础上，基于经验数据及合理的计量方法，对城市空间扩张和多中心集聚影响生态环境的作用机制进行实证检验；最后，本书将提出有效解决城市化过程中面临的城市空间扩张及生态环境等问题的系统性政策方案和有效实施路径。上述研究思路可以转化为技术路线图，如图 1 – 1 所示。

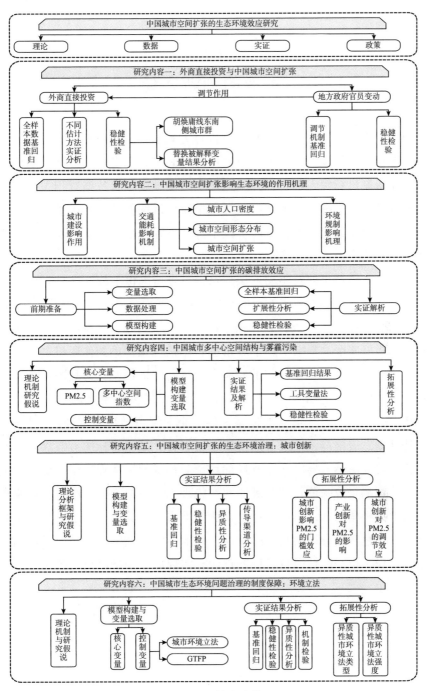

图 1-1 技术路线

## 1.4

# 可能的创新之处

第一，本书从通勤距离、时间及出行方式的改变、城市建筑及基础设施建设和环境规制强度的差异等视角对城市空间扩张和多中心集聚影响生态环境的作用机制进行深入解析；分别运用中国多维度经验数据对相关作用机制进行实证检验，为解决我国城市化过程中所出现的低效率无序扩张和生态环境效应约束以及如何实现新发展阶段中国经济绿色低碳高质量发展提供相应的理论指导和实证依据。

第二，实施城市创新驱动发展战略，打赢蓝天保卫战，这是对生态文明领域统筹协调机制的不断完善，也是贯彻新发展理念，促进工业化、城镇化、信息化"三化融合"，推动形成以国内大循环为主体、国内国际双循环的新发展格局的最好实践。本书明晰了城市创新影响雾霾污染的作用机制，并运用2001~2016年地级及以上城市的经验数据进行实证检验，为我国经济转向高质量发展阶段与"美丽中国"目标的实现提供了重要的经验支持。

第三，完善城市环境立法体系，促进企业绿色转型是贯彻新发展理念，加快构建新发展格局，实现"碳达峰、碳中和"战略目标的有效路径。本书将城市环境立法纳入异质性企业局部均衡分析框架，从理论层面揭示了城市环境立法影响企业绿色转型升级的内在机理和传道渠道；从微观企业绿色全要素生产率视角切入，以城市环境立法为准自然实验，识别了城市环境立法影响企业绿色转型升级的政策净效应。以上不仅有利于完善企业环境治理责任制度建设，也是践行绿色发展新理念，实现城市经济绿色低碳高质量发展的有力抓手。

# 第 2 章

# 文 献 综 述

本书研究体系的构建具有一定的探索性，深入探究城市空间扩张和多中心集聚影响城市生态环境的作用机制。本章作为全书的文献支撑部分，主要从城市空间扩张的概念界定和测度方法、形成机理、经济效应及生态环境效应等方面做了详细阐述与分析，并对国内外相关文献进行了系统的评述，旨在凸显本书的研究价值与研究新意。

## 2.1
## 城市空间扩张概念界定及测度

### 2.1.1 城市空间扩张的概念界定

第二次世界大战之后，城市空间扩张现象在西方发达国家开始显现，其典型特征便是集中在中心区的城市活动扩散到城市外围，对汽车等交通工具的通勤依赖增大，城市呈现出分散化、低密度快速扩张的空间形态。城市空间扩张会引发耕地面积减少、土地利用效率低下、城市道路交通拥挤、城市基础建设投入成本增加、社会不公平加剧以及环境污染等问题。目前，国内外学者对城市空间扩张的概念内涵主要聚焦于城市蔓延。美国社会学家怀特

（Whyte W H Jr，1958）首次将城市蔓延的概念定义为"城市郊区采用飞地式开发所产生的空间扩张现象"。一些拥有城市经济学和土地规划学学科背景的学者则从土地功能视角界定城市蔓延的概念内涵。克劳森（Clawson M，1962）认为城市蔓延的土地功能过于单一化，无法进行多功能混合使用。派泽（Peiser R，2001）则指出城市蔓延就是城市空间低密度、非连续蛙跳式的土地利用规模扩张。吉勒姆（Gillham O，2002）在其著作《无边的城市——论战城市蔓延》中揭示了城市蔓延的一系列主要特征：城市土地非连续地低密度蛙跳式开发、商业街区的盲目建设、土地利用功能的分割、城市交通以私家车为主导及城市公共空间的最小化。此外，还有学者将城市蔓延界定为一种特殊的发展模式，且主要关于其物理特质，而其所蕴含的特征往往具有较多负面因素和贬义成分，如低密度、非连续、非受控的蛙跳式开发、土地使用功能单一化等（Mills E S，2003）。另外，一些学者则采用纵向方法对城市蔓延现象进行描述和分析，并着重强调城市蔓延的动态演化进程。巴雷多和德米凯利（Barredo J I and Demicheli L，2003）认为城市空间动态模拟方法是用来识别当前城市规划政策的后果或不完全性的一种有效方法，并基于城市增长视角对尼日利亚拉各斯市的城市可持续性问题进行了分析。法扎尔（Fazal S，2001）针对印度的研究表明城市空间扩张导致原来以农业生产为主的萨哈兰普尔市农业用地大量流失，城市非建成区的发展是导致这一现象的最重要原因。

相较于西方发达国家，我国对城市蔓延的研究起步较晚。根据李强和杨开忠（2007）的研究，伴随着我国城市化进程的快速推进，城市用地规模也快速上升，在这一进程中城市蔓延现象开始显现，即城市空间呈现出"摊大饼"式的低密度无序扩张态势。王家庭和张俊韬（2010）的研究显示，国内35个大中城市普遍具有明显的蔓延趋势。洪世健和张京祥（2013）则对城市蔓延概念的内涵和外延进行了界定。就内涵而言，城市蔓延是指城市用地规模的增速快于人口规模的增速，即城市空间开发过度；就外延而言，城市蔓延的空间形态具有低密度、非连续性蛙跳式的"非紧凑开发"特征。改革开放40多年来，尽管我国的城市化水平相较过去有较大提高，但在城市化发展阶段、政治体制以及土地管理制度等各方面与美国、日本等发达国家还存在较大差异。因此,国内学者针对城市蔓延的研究多是在国外学者提出的相关概念的基础上加以"中国化"。陈鹏(2007)指出我国的城市蔓延与西方发达国家郊区化的后果有着显著差异,中国的城市蔓延主要在有中国特色的土地制度作用下发展。李永乐和吴群(2013)、郭志勇和顾乃华(2013)认为除城市居民收入提高和交通设施改善等共通因素外,现有的土地财政体系和城乡二元户籍制度也使得我国城市蔓延具有一定的独特性。

综上所述,国外学者大多将城市空间扩张界定为集中在中心区的城市活动扩散到城市外围,对汽车等交通工具的通勤依赖增大,城市用地规模增速快于人口增速,城市空间呈现出分散化、低密度的快速扩张形态。

## 2.1.2　城市空间扩张的测度

研究城市空间扩张生态环境效应的首要前提是对城市空间扩张程度进行科学识别和量化。目前,较为普遍的量化方法是选取合适的城市空间扩张指标来度量城市空间扩张程度。比较常态的指标主要有以下几类:一是密度指标,主要包括建成市区人口密度、居住密度和就业密度;二是增长率,主要包括城市用地增长率和人口增长率;三是空间形态,主要包括可通达性、接近度和分散化程度;四是景观格局,主要包括分形维度和美学程度。目前,较为通用的指标评价体系主要有两类。

第一,单指标法。富尔顿等(Fulton W B et al.,2001)提出采用人口密度来测度城市空间扩张程度,人口密度越高意味着城市空间扩张程度越低。王家庭和张俊韬(2010)以建成区面积的增长率与市区人口增长率的比重构建了城市蔓延指数,并对中国 35 个大中城市的城市空间扩张现象进行了测度。洪世建和张京祥(2012)则以城市建成区面积与城市建成区人口之比来测度城市空间扩张程度。

第二,多指标法。加尔斯特等(Galster G et al.,2001)提出用八项指标来测度城市空间扩张程度,主要包括居住密度、相对于中心商务区的中心度、城市核心度、城市建设用地的集聚度、城市建设用地的集中度、城市建设用地的连续性、居住地与就业地通勤距离、土地利用的多样性。其中一个或多个指标水平越低，城市空间扩张程度就越高。尤因等（Ewing R et al.，2003）则提出四项指标测度城市空间扩张程度，分别为居住密度、城市中心区活力、城市通勤的通达性及居住、就业和服务完善程度。哈泽（Hasse J E，2002）在前人研究的基础上提出了土地分割程度和人口密度等12项指标来测度城市空间扩张程度。洛佩斯和海因斯（Lopez R and Hynes H P，2003）基于居住密度构建了城市蔓延指数。计算公式如下：

$$SP = ((Si\% - Di\%) \div 100 + 1) \times 50$$

在上式中，$SP$ 为城市蔓延指数，$Si\%$ 为高居住密度城区人口比重，$Di\%$ 为低密度城区人口比重，$SP$ 值越高则城市蔓延程度越高。宋妍和克纳普（Song Y and Knaap G J，2004）运用 INDEX 系统，基于通达性、密度等5个层面构建的12项指标测度城市空间扩张，并将其与政策相结合，测算结果对城市规划起到一定借鉴作用。托伦斯（Torrens P M，2008）基于城市增长、通达性等7个指标构建的城市蔓延指数测度了得克萨斯州的城市空间扩张程度，结论显示，城市蔓延与"聪明增长"共同存在、共同发展。

目前，国内对城市空间扩张测度指标评价体系的相关研究成果也比较丰硕，尤其在指数构建方面也有较大的进展。蒋芳等（2007）认为科学识别城市空间扩张程度应从城市扩张形态、城市扩张效率和外部影响等方面进行，并基于人口、土地运用和环境等13项指标所构建的城市蔓延指数对北京市的空间扩张程度进行分析。张琳琳等（2014）认为应将城市土地非连续使用和人口低密度两项指标相结合，且认为当二者都满足时，则可以判断城市开始空间扩张。曾晨（2016）首先从人口、交通、土地和经济等4个维度构建人口蔓延指数，然后将其与交通蔓延指数、土地蔓延指数和经济蔓延指数进行加权求和进而获得城市蔓延综合评价指数。刘修岩等（2016）则在法拉赫等（2011）研究基础上，运用 DSMP/OLS 夜间灯光数据和 Landscan 全球人口动态分布数据，构建了全新的城市蔓延指数与城市边界人口密度指数。综上可见，国内学者对城市空间扩张指标评价体系的构建与量化分析呈现出更加多元化的特征，虽然具体指标评价体系的侧重点有所差异，但关注的重点依然是城市空间非连续、低密度快速扩张的特征。

$$2.2$$

# 城市空间扩张形成机理

## 2.2.1 市场经济

关于城市空间扩张形成机理的研究，国外相关学者首先聚焦于城市蔓延，认为城市蔓延的原因主要是市场经济力量或交通设施的逐渐完善，甚至是社会文化因素等的驱动（Burchfield M，et al.，2006）。20 世纪 80 年代后期，有部分学者开始将经济学的作用机制引入城市空间扩张形成机理的分析框架之中，并由此构成了城市空间扩张形成机理的重要研究内容。谭峰（2005）的研究表明，一些城市为吸引外商直接投资（foreign direct investment，FDI），通常采用"跨越式"发展方式，即跳出现有建成区，直接在城郊最佳区域建立开发区。这虽然有利于招商引资，但客观上也容易导致城市蔓延的产生。王慧（2007）则更为直接地指出，为吸引投资而设立的开发区多位于城市郊区，其建设和开发会对城市经济和人口分布变化产生重要影响，直接导致城市空间扩张和蔓延。李一曼等（2013）指出，当经济要素出现集聚时必然会出现城市蔓延。刘修岩等（2016）的研究发现，市场不确定性与城市蔓延正相关，经济波动带来的市场不确定性也是中国城市空间结构塑造的重要影响因素。除此之外，伴随着经济的发展，城市产业结构也会不断调整，随之引发各种生产要素在不同产业间的流动，继而也会对城市空间结构布局产生显著影响，尤其是服务业的快速发展使得城市蔓延现象更为严重（王家庭等，2017）。刘瑞超和陈东景（2018）认为我国城市空间的快速扩张主要体现在对城市边缘郊区土地的大规模开发上。曹清峰等（2019）则通过构建城市土地市场的均衡模型，证明了在全国层面上我国城市蔓延的类型属于"市场与政府双驱动型"。此外，在新古典经济学分析框架下，基于单中心城市理论模型，运用比较静态均衡分析方法得出的结论表明，城市蔓延的形成既受到城市人口规模、城市居民收入以及农业土地地租等市场因素的影响，也会受到社会拥堵成本以及新开发基础设施成本测算不准确的影响，从而发生住房区位选择偏误的"市场失灵"。基于此，布鲁克纳（Brueckner J K，2001）认为需要采取多种手段来避免因"市场失灵"而导致的城市蔓延。综上可知，市场经济的力量是城市空间扩张形成的重要因素，而我国城市空间扩张的形成主要受市场性因素的影响。

### 2.2.2 政府因素

政府既可以借助税收和补贴等措施从微观层面改变个体的区位选择（Song Y and Zenou Y，2006；Banzhaf H S and Lavery N，2010），也可以通过开发和出售辖区内土地，借助城市规划及基础设施建设决定一个城市的空间布局（秦蒙等，2016）。赫贝克（Heubeck S，2009）通过构建理论模型进行数理推导证明了地方政府竞争所引致的城市空间扩张会使得整体社会福利水平有所降低。德萨尔沃和苏晴（2013）在伯奇菲尔德等学者（Burchfield M et al.，2006）的研究基础之上，基于1990~2010年美国城市面板数据，实证分析了政府财政干预对城市蔓延的影响，结果发现，获得上级政府财政转移支付比重越高，城市空间扩张问题就越显著。国内学者李效顺等（2012）则将不同原因所引起的城市蔓延进行了分类：由市场失灵和农地价值的低估所引起的城市蔓延称为牺牲型城市蔓延；由政府干预所引起的城市蔓延则称为损耗型城市蔓延。从短期来看，由于纳税者的数量和纳税水平基本保持相对稳定，这就可能导致政府主导的城市蔓延在空间和时间上产生竞争。安东尼奥等（Gómez - Antonio M et al.，2016）的研究表明，当政府提供土地所获取的收益和增加的纳税人口大于财政支出成本时，地方政府在进行城市规划时倾向于提高城市蔓延程度。

## 2.3

# 城市空间扩张的经济效应

新型城镇化是我国重要的国家战略，提升城市效率、高效规划利用土地资源、在城市空间扩张和建设水平提高的基础上实现"人的城市化"等都是推进新型城镇化的关键。其中，城市生产效率能在一定程度上反映城市化的效果。因此，对关于城市空间扩张与生产效率相关文献的研究起步较早，成果也较为丰富。马歇尔（Marshall A，1890）从劳动力共享、中间产品投入和知识溢出三个方面阐述了集聚外部性对生产率的正向影响。西科恩和霍尔（Ciccone A and Hall R E，1996）则认为城市蔓延会降低集聚度，不利于生产率的提高，并对这一机理进行了较为详细的阐述。格莱泽和卡恩（2004）指出运输成本的降低和通信技术的发展降低了厂商在空间上的临近以及"面对面交流"的重要性，削弱了传统理论中集聚经济的基本假设，对城市蔓延和生产率的负向关系提出了质疑。法拉赫等（2011）认为在密度较高的城市，容易因为交通拥挤、高房价导致的"集聚不经济"影响集聚对生产率的贡献，城市蔓延可能不利于生产效率的提高。通过对上述文献的梳理，我们可以发现，基于集聚经济视角研究城市空间扩张对生产效率究竟有何种影响在理论层面尚未形成一致的结论。

那么，在实证研究方面又会有什么样的结论呢？斯韦考斯卡斯（Sveikauskas L，1975）在阿朗索（Alonso W，1971）的基础之上，运用美国城市数据实证分析了城市规模对城市生产率的影响，结果表明，城市规模的扩大对城市生产率有正向影响。不过，城市规模扩张和城市蔓延并不完全等同，两者有着较大的区别，即城市规模并未考虑城市密度。西科恩和霍尔（1996）以美国各州为样本进行研究，发现就业密度提高一倍，劳动力生产率可以提高6%。斯贝加米（Sbergami F，2002）用 Balassa 指数、Krugman 指数和熵指数来测度经济集聚，则得出了与西科恩和霍尔（1996）相反的结论。李文秀和戈登（Lee B and Gordon P，2007）基于美国 1990~2000 年的相关数据，考察了城市空间结构对当地就业增长的影响，结果显示，在考虑了城市本身规模与空间结构的交互作用条件下，密集的城市结构仅有利于小城市的就业增长。虽然经济或人口密度的下降通常意味着城市蔓延水平上升，但平均密度只是对蔓延状况相当粗略的一种描述，两者未必存在严格的反向关系。布鲁哈特和斯贝加米（Marius Brülhart and Federica Sbergami，2009）在考虑城市密度和规模的基础上，进一步对城市空间结构展开讨论，研究发现，一个区域的城市化率和首位度对生产率并无显著影响。法拉赫等（2011）通过构建新的蔓延指数，测度了市区居住人口的密度分布情况，并对城市蔓延与生产效率的关系进行实证分析，结果显示，城市蔓延对生产效率有负向影响，且这种影响在小城市更为显著。

目前，国内相关研究虽然起步较晚，但成果却较为丰硕。范剑勇（2006）的研究表明，经济密度的提高可以显著提升地区生产率，不过其使用的是截面数据，难以度量集聚经济的动态效应。柯善咨和姚德龙（2008）采用非农就业密度、第二产业占全国比重和第二产业占本地 GDP 份额来刻画经济集聚，结果发现，集聚有利于劳动生产率的提升，同时周边邻近地区的集聚也具有正面溢出效应。郭腾云和董冠鹏（2009）运用 GIS 分析方法、数据包络分析法和 Malmquist 模型对国内特大城市紧凑度的提高如何影响城市技术进步及技术效率展开细致分析。刘修岩（2009）阐述了马歇尔地方化经济和雅各布斯城市化经济这两种集聚经济的机理，并在此基础上运用地级市面板数据考察两种集聚对城市生产率的影响。郭琪和贺灿飞（2012）构建了包含"经济密度、距离和市场分割"三方面因素的 3D 分析框架，实证揭示了提高城市经济密度对生产率的正向影响。孙晓华和郭玉娇（2013）运用门限回归分析法，基于全要素生产率提升的研究视角，将城市规模和集聚经济同时纳入实证分析框架，研究结果表明，国内的小规模城市更适宜专业化集聚，大型城市则应该发展多样化经济。

## 2.4
# 城市空间扩张的生态环境效应

城市空间的低密度快速扩张不仅会对城市经济效率产生影响，同时也会对城市生态环境产生重要影响，这也是一直以来城市经济学和环境经济学所关注的焦点。约翰逊（Johnson M P, 2001）认为城市蔓延的生态环境效应包括日益严重的空气污染、能源的过度消耗、城市开放空间的减少、初始生态植被的破坏、洪涝灾害风险的增加以及生态系统的碎片化等。贝赖特沙夫特和德贝奇（Bereitschaft B and Debbage K, 2013）选取臭氧前驱物、挥发性有机化合物、细微颗粒物、PM2.5、道路交通源的二氧化碳排放作为城市空气污染指标，同时在控制人口、土地面积与气候等因素的前提下，基于美国86个城市的经验数据实证分析了城市空间布局与空气污染之间的关系，结果显示，城市蔓延程度越高则空气污染越严重，二氧化碳排放也越多。除直接研究城市蔓延与环境污染之间的关系外，还有部分学者关注城市蔓延的私家车导向与空气污染之间的关系。普赫尔等（Pucher J et al., 2007）的研究指出，城市蔓延不仅使出行时间变长，也会导致交通拥堵，进而对城市空气污染产生重要影响。因此，北京和新德里这类大城市应重点关注由交通出行所带来的环境污染问题，同时，加强税费征收力度以及限制城市中心区域私家车的使用是降低这一负向效应的重要举措。范米特等（Van Metre P C et al., 2001）的研究表明，城市蔓延引致的交通流量上升与城市环境质量恶化之间存在正向关系。这是因为城市蔓延会带来通勤距离的增加，在公共交通不完善的情境下，居民出行更多依赖于私家车，燃油消耗会产生更多尾气排放，也使得诸多水源地水质状况恶化。换言之，他们认为私家车出行与城市蔓延之间是一种牢固的互补品关系，私家车出行引致的燃油消耗和尾气污染会恶化空气质量（Holcombe R G and Williams P E W, 2010）。斯通等（Stone B et al., 2007）针对美国11个大都市的城市蔓延与二氧化碳、氮氧化物、细微颗粒及有机化合物关系的实证研究表明，从长期来看，紧凑型的城市空间结构有利于所在区域内空气污染物的减少，但需要在满足控制增长、限制车辆使用及减排技术的前提下才能实现。这一研究的重要意义在于指出人们的理解误区，即仅考虑某一类指标如限制车辆使用来治理环境污染问题。为了更好地识别政策实施效果，应使用科学方法去判断城市蔓延与空气污染之间的关系。

目前，在城市经济学和能源经济学领域，有关城市空间扩张对能源消耗影响的研究，尚未得出较为一致的结论。纽曼和肯沃西（Newman P W G and

Kenworthy J R，1989）认为，从交通运输距离来看，城市空间形态的紧凑程度与能源消耗负向相关。这一结论也得到了明达利等（Mindali O et al.，2004）、沈教言等（Shim G E et al.，2006）学者的支持。霍尔登和诺兰（Holden E and Norland I T，2005）指出，城市人口越密集，城市公共交通越发达，相比于私家车出行，能源消耗和人均温室气体排放量也较低。宋英培（Youngbae S，2005）表示，城市空间布局中，住宅和商业土地的无序扩张是导致城市热岛效应产生的重要原因，同时森林植被对城市生态环境及城市边缘郊区的地表温度存在"冷却效果"。因此，他认为紧凑的城市空间布局有利于能源效率的提升和城市的可持续发展。

城市空间扩张对生态环境同样具有强烈影响。研究发现，城市空间扩张不仅会影响空气质量，也会破坏森林植被和生物多样性，吞噬绿色空间，对森林碎片化产生主导影响，城市空间向郊区边缘扩张导致森林大量砍伐是造成森林碎片化的重要原因（Gao Q and Yu M，2014）。黑萨姆等（Hesam M et al.，2013）选取 Holdern 模型，基于不同时期的人口密度与城市地图的变化展开研究，结果表明，城市蔓延会占用农业用地与森林面积，进而加剧水污染和空气污染。阿拉姆（Alam M，2015）认为城市蔓延是关乎城市可持续发展的核心问题，会对整个生态系统产生多重负面影响。杜普拉斯等（Dupras J et al.，2016）的研究表明，城市蔓延导致了城市土地碎片化，并隔离了自然空间，两者之间的生态链接也被大大削弱，最终破坏了生物多样性。总体而言，城市空间的低密度快速扩张导致城市建筑占用了更多的农业土地，也牺牲了更多的开放空间，破坏了自然环境，显然这并不利于保护野生动物和生物多样性，最终也会破坏环境（Carl Pope，1999）。

除此之外，城市空间扩张对水污染的影响也不可忽视。哈泽和纽斯尔（Haase D and Nuissl H，2007）以德国莱比锡市为研究对象，构建了包含驱动力、压力、状态、影响及响应（DPSIR）的模型分析框架，研究发现，城市蔓延对水流的连续性和水资源的供需平衡有显著影响。切斯莱维奇（Cieslewicz D J，2002）认为城市蔓延引致的水污染包含很多方面，诸如建筑工地的侵蚀、汽油残渣、尾气排放以及绿化草地所用的化学制品等。

虽然诸多学者的研究已经证实了城市空间扩张生态环境效应负外部性的

存在，但也有部分学者对此提出异议。埃切尼克等（Echenique M H et al.，2012）基于英国城市中心区域地铁的情境进行模拟分析发现，紧凑的城市空间形态并没有减少能源消耗，蔓延的城市空间形态反而有利于降低城市热岛效应和缓解交通拥堵。格莱泽和卡恩（2004）的研究表明，虽然城市蔓延会增加土地开发数量，但美国森林覆盖面积并没有因此而降低，反而还在增加，这是因为城市蔓延导致对住宅建筑的需求增长，进而导致对木材的需求上升，为了满足需求进而扩大森林植被面积。此外，他们还指出，私家车出行虽然会带来尾气排放的增加和局部区域的雾霾，但伴随着先进环保技术在汽车领域的广泛运用，由行驶里程增加而带来的尾气排放在减少。换言之，依赖汽车出行的生活方式导致了城市蔓延，生活质量的改善推动了城市蔓延，但城市蔓延生态环境效应的负外部性会随着技术进步而抵消。里德等（Ridder K D et al.，2008）的研究显示，尽管德国鲁尔的城市蔓延对当地空气污染的影响较小，但城市中心高密度区域的空气污染程度要远高于城市郊区。综上可见，城市蔓延不仅会对生态环境产生负外部性影响，在某些情境下，对那些无法迁出城市来避免健康风险的居民而言，这也是一种环境公平正义问题。

相较于国外学者，国内学者对城市空间扩张生态环境效应的研究起步较晚，相关文献也较少。孙群郎（2006）认为城市蔓延会严重影响生态循环系统，侵占绿色生态空间和破坏生物多样性，还会造成地表水和地下水源污染。王家庭等（2014）的研究指出，城市蔓延会带来一系列严重后果：居民出行更加依赖于私家车，尾气大量排放导致严重的空气污染，产生的噪声污染也会危害居民身心健康。此外，湿地和开放式绿色空间被大量侵占，阻隔了生物迁移路线，环境成本高企。陆铭和冯皓（2014）的实证研究表明，人口和经济活动集聚程度的提升会使得单位工业增加值的污染物排放强度降低，这意味着紧凑的城市空间布局有利于减少污染物排放。毛德风等（2016）的研究显示，以城市人口密度衡量的城市扩张有利于降低环境污染，以建成区面积衡量的城市扩张则会加重环境污染。吴永娇等（2009）对不同情形下城市空间扩张对水环境的污染进行了模拟分析，结果表明，城市空间扩张导致的土地利用结构变化与地表水环境污染有密切关系，但技术进步会使得城市空间扩张引起的水污染成本下降。秦波和戚斌（2013）基于北京市 1188 份家庭碳排放问卷的统计分析发现，提升城市人口密度有利于降低家庭建筑的碳排放量。秦蒙等（2016）运用灯光数据构建了城市蔓延指数，并对城市蔓延与雾霾污染之间的关系进行检验，结果显示，城市蔓延会加重城市雾霾污染。李强和高楠（2016）以城市建成区面积与城市建成区人口之比构建城市蔓延指数，结果显示城市蔓延有利于提升能源利用效率，也有利于降低城市环境污染。由此可见，现有研究对城市空间扩张如何影响城市生态环境尚无一致的结论，且不同研究所选用的样本、城市蔓延构建指标和对环境污染物的选择均存在明显差异。

## 2.5
## 简 要 评 述

通过对城市空间扩张的形成机理、测度指标、经济效应以及生态环境效应等相关文献的归纳和梳理可以发现，现有成果虽然丰硕并已取得一定进展，但仍然存在一些缺憾，相关情况如下。

现有关于城市空间扩张生态环境效应的文献多基于单中心城市经济理论分析框架，较少有学者深入探究多中心城市或多中心集聚影响城市生态环境的内在机理并在考虑空间因素的前提下进行实证检验。实际上，在现代城市空间形态扩张的进程中，多中心城市和多中心集聚已然成为国内外城市发展的一般特征和趋势。遗憾的是，国内外尽管也有一些关于多中心城市和多中心集聚的研究，但并不深入，且进一步探讨其影响城市生态环境的研究则更少。目前，现有城市空间扩张生态环境效应的研究结论多表明城市空间扩张会恶化生态环境，还有部分学者认为在技术进步和制度环境不断完善的情形下，城市空间扩张对生态环境的负外部性会得以缓解。此外，从研究方法来看，多数文献仍然采用传统面板数据模型，因而在实证分析过程中并没有考虑城市空间扩张与生态环境污染之间的空间关联性。传统面板模型通常假定不同城市的空间扩张、环境污染物排放与周围城市相互独立，这显然并不符合现实。风速、空气流动性、大气边界层高度和水流等客观因素以及区域间经济联系和产业关联等社会经济因素也会使得一个城市的环境质量难以"洁身自好",不可避免地受到相邻城市的影响,空间关联性较强。因此,若在实证分析过程中忽略了空间关联性的影响,可能就会产生波动甚至是错误的参数估计结果(Anselin L,1990)。因此,本书将深度解析城市空间扩张和多中心集聚作用于生态环境的内在机理,并基于中国经验数据,运用包括空间计量方法在内的多种估计方法实证检验其对生态环境的影响。此外,为了解决环境污染的内生性问题,本书还借助 ECMWF 所发布的 ERA – INTERIME 栅格气象数据,结合大气数量模型构建了中国地级市层面的空气流动系数,将其作为空气污染的工具变量——这样的处理方法不仅可以有效缓解潜在的内生性问题,还可以有效控制环境污染导致的空间溢出效应。

# 第 3 章

# 外商直接投资与中国城市
# 空间扩张

通过第 2 章对城市空间扩张相关文献的归纳和梳理可知，城市空间扩张的形成受到诸多市场因素的影响。因此，本章将从基本国情出发，以外商直接投资为切入点，深入探究中国城市空间扩张的成因之谜。

## 3.1
## 外商直接投资影响城市空间扩张的作用机制

与发达国家相比，囿于人口分布、生产力水平及社会经济环境的异质性，我国城市空间扩张的形成机理具有一定的中国特色。在我国，地方政府政策对城市发展具有重要影响，这是因为政府可以通过开发和出售辖区内土地，借助于城市规划及基础设施建设决定一个城市的空间布局（李强和杨开忠，2007；秦蒙等，2016）。外商直接投资与城市化发展之间存在着相互作用与制约的关系，伴随着对外开放水平的不断提升，我国城市化发展也日益呈现开放性特征（王新娜，2010；袁冬梅等，2017）。由此可见，外商直接投资正逐渐成为影响我国城市空间扩张的一个重要外部因素。理论上来讲，外商直接投资可以从如下两个途径影响城市空间扩张（如图 3 - 1 所示）。

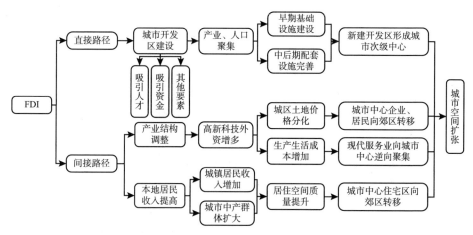

**图 3 - 1　外商直接投资影响城市空间扩张的直接和间接作用机制**

资料来源：笔者自制。

第一，外商直接投资影响城市空间扩张的直接作用机制。外商直接投资的流入会通过人才、资本等生产要素的聚集直接推动城市空间由城市中心向外围扩张。改革开放 40 多年以来，地方政府为推动本地区经济的快速发展，纷纷出台各种政策措施来吸引外商直接投资流入，而新建开发区便是其中一项重要举措。然而，这一典型区位导向型产业政策的实现依赖于政府前期对各种资源要素的大量投入。首先，政府要在相应区域，一般为城市郊区划拨土地供外资企业使用；其次，政府还要完善周边的配套设施，以便实现承接产业转移以及拉动就业的目的。具体而言，在新建开发区建设早期，政府为满足外商投资企业运行需求，往往需要进行大规模的基础设施投资，此时开发区内工业企业用地占比也相对较高。当新建开发区的生产、生活配套设施日趋完善，在城市中心土地价格上涨和政府干预双重因素的影响下，城市中心的制造业企业会逐步向郊区迁移，加之已聚集在郊区的各类外商投资企业以及陆续兴建配套住宅小区的交付入住，城市实现了由中心向外围的空间扩张。新建开发区可以在相对较短时期内快速实现产业和人口的集聚，所以这种主要为招商引资服务的蛙跳式土地开发方式便成为推动中国城市空间扩张最为直接的因素。

第二，外商直接投资影响城市空间扩张的间接作用机制。外商直接投资可以通过产业结构调整间接影响城市空间扩张。自1978年以来，我国城市用地逐渐由免费划拨转向有偿使用或计划调拨，城市中心土地价格与郊区土地价格开始出现分化。面对企业生产成本和居民生活成本的日益增加，原本位于城市中心的企业和居民开始向城市郊区转移。此时，能够承受更高成本及更高土地利用效率的金融、保险等现代服务业向城市中心逆向集聚，城市中心产业结构发生明显改变。产业结构调整离不开外商直接投资的间接影响。通过对我国历年来外资流入区位布局典型事实的梳理可以发现，就制造业而言，具有外资背景的企业早期多布局于城市中心区域，如今则多选择在城市郊区；从外资企业资本规模来看，大型外资企业多选择在城市近郊或远郊布局，而一些小型外资企业则会选择在城市中心区域或城市中心边缘布局；从外资企业类型来看，纺织服装、食品加工等劳动密集型外资企业会选择在城市中心区域布局，而资本和技术密集型企业则会选择在郊区布局。随着我国对外开放水平的不断提升，政府在持续加大外资引进力度的同时也更加注重引进外资的质量。尤其是近些年，进入我国的高科技外资企业逐渐增多，投入成本也相对较大，对厂房和土地质量的要求也更加严格，因而多选择在城市郊区布局。

外商直接投资可以通过影响居民收入水平间接影响城市空间扩张。理论上来讲，当一个城市流入的外商直接投资增多时，一定程度上会提升当地居民的收入水平，即产生外商直接投资的收入效应。伴随着收入水平的持续提高，居民往往更倾向于向更宜居的城市郊区迁移，从而使得城市空间扩张呈现出由中心向周围扩张的态势。自改革开放以来，我国城镇居民的人均可支配收入增长了约102.4倍，伴随城镇居民收入的增加以及城市中产群体扩大而来的是对居住空间质量要求的提升。鉴于城市中心区域居住空间的饱和以及城市环境的日趋恶化，原本居住在城市中心的高收入居民往往会选择向生态环境更好的城市近郊迁移。已有研究指出，居住郊区化现象通常会发生在人均GDP超过2000美元时，且居住郊区化现象在人均GDP超过3000美元时会表现得更加显著（刘秉镰和郑立波，2004），这是因为在郊区新城，居民在投入相同资源的情况下可以拥有更大居住空间和更好居住环境的住宅。

然而，由于地区间经济发展水平、地理环境差异等各种因素的作用，使得外商直接投资在我国区域分布上具有非平衡性，呈现出"东强西弱"的空间格局。进入 21 世纪后，我国实际利用外资总额呈现出持续上升趋势，东部地区城市实际利用外资总额较大，中部地区城市次之，西部地区城市则最少。得益于地理区位和制度设计的双重优势，东部地区的城市尤其是长三角、珠三角和京津冀等城市群在经济发展水平以及招商引资的软硬环境上要比中西部地区更具有优势，因而吸引外资也更多；相较于东部地区，西部地区一些城市的实际利用外资水平虽然增速相对较快，但由于其初始利用外资规模较小，加之招商引资的软硬环境也相对较差，因此吸引外资的能力较小。近些年来这一状况正在发生改变，这是因为中西部地区城市在土地、资源等要素方面所具有的成本优势日益凸显，招商引资软硬环境得到有效改善，故吸引外资规模也有所增加，外商直接投资在我国区域空间上出现重新配置。

基于此，提出如下研究假说。

假说 3-1：外商直接投资的流入会通过人才、资本等生产要素的集聚以及提升居民收入水平等途径推动城市空间由中心向外围扩张，即外商直接投资流入会对城市空间扩张产生显著的正向影响。

假说 3-2：不同区域城市外商直接投资流入规模的差异性会使外商直接投资对城市空间扩张的影响具有区域异质性。

## 3.2

## 计量模型构建与变量选取

### 3.2.1　计量模型设定

为实证分析外商直接投资对城市空间扩张的作用机制，基于上述理论分析框架，构建如下计量分析模型：

$$sprawl_{it} = \alpha_0 + \alpha_1 fdi_{it} + \alpha_2 control_{it} + \mu_{it} \qquad (3-1)$$

式（3-1）中，$sprawl_{it}$ 表示 $i$ 地级市在 $t$ 时期的城市蔓延指数，$fdi_{it}$ 为 $i$ 城

市在 $t$ 时期引入的外商直接投资额, $control_{it}$ 为控制变量。

## 3.2.2　被解释变量

衡量城市空间扩张的方法有多种,其中以富尔顿等(2001)和法拉赫等(2011)所测算的城市蔓延指数最具代表性。富尔顿等(2001)运用城市人口密度或就业密度来测度城市蔓延指数,但该指标仅反映了人口经济活动所在区域内的平均分布,难以区分是在区域内若干板块高度集中还是各板块平均分布。鉴于富尔顿等(2001)方法的局限性,法拉赫等(2011)进行相应的改进,具体公式如下所示。

$$SP_c = 0.5 \times (LP_c - HP_c) + 0.5 \qquad (3-2)$$

式(3-2)中, $SP_c$ 为 $c$ 城市的城市蔓延指数,介于 0~1,指数越接近 1 则表明城市空间扩张程度越高; $LP_c$ 表示 $c$ 城市城区人口密度低于全国均值人口占全市城乡总人口的比重; $HP_c$ 表示 $c$ 城市城区人口密度高于全国均值人口占全市城乡总人口的比重。尽管法拉赫等(2011)的方法有所改进,但仍然不能精确反映高密度板块"高的程度"。刘修岩等(2016)对法拉赫等(2011)的方法再次进行了改进,具体公式如下所示。

$$SA_c = 0.5 \times (LA_c - HA_c) + 0.5 \qquad (3-3)$$

式(3-3)中, $SA_c$ 为 $c$ 城市的蔓延指数,介于 0~1,指数越接近 1 则表明城市空间扩张程度越高; $LA_c$ 为 $c$ 城市市辖区内的人口密度低于全国均值地理面积占该城市总面积的比值, $HA_c$ 为 $c$ 城市市辖区内的人口密度高于全国均值地理面积占该城市总面积的比值。本书借鉴刘修岩等(2016)的方法,综合人口和城市面积两方面因素构建的全新城市蔓延指数如下所示。

$$sprawl = \sqrt{SP_c \times SA_c} \qquad (3-4)$$

式(3-4)中, $SP_c$ 和 $SA_c$ 分别为按式(3-2)和式(3-3)所测算的城市蔓延指数。相比法拉赫等(2011)的城市蔓延指数,全新的城市蔓延指数可以更加精确地刻画出城市的低密度扩张和土地利用强度的下降。运用式(3-2)和式(3-3)进行测算需要满足以下两个关键前提。第一,界定行政市域内的"城市边界"。21 世纪初,我国开始推行住房市场化改革,城市化进程开始快速推进，政府部门对"城市边界"的界定落后于城市化步伐，导致对实际城市人口规模的低估。城市的低密度快速扩展还使得一些城市出现了有楼但无人居住的"鬼城"现象，因而造成对城市面积的高估。第二，精确获取区域内细分单元的人口分布数据。目前，我国仅有县域单元的户籍城市人口数据，缺乏长期连续的街区尺度的人口数据。该层面数据缺失的后果便可能是对我国城市人口规模的严重低估。

因此，本书借鉴伊坤朋等（Yi K et al.，2014）、刘修岩等（2016）的方法，使用夜间灯光数据 DSMP/OLS 和来自美国能源部橡树岭国家实验室（ORNL）开发，由东视图制图公司（East View Cartographic）提供的 Landscan 全球人口分布数据集来解决上述难题。首先，为了获得更加精准的城市边界，需要对数据进行筛选提取，本书将夜间灯光高度值大于 10 的区域以及 Landscan 数据集中人口密度大于 1000 人/平方公里的数据作为样本数据。然后将这两者叠加重合，提取公共区域。公共区域同时满足灯光和人口两个条件，可以精确界定"城市边界"。其次，在界定"城市边界"，即实际城区面积之后，用城市常住人口除以城市面积便可得到城市区域的平均人口密度。然后，再运用式（3-2）、式（3-3）和式（3-4）分别计算出三种城市蔓延指数。同时，为了确保城市的空间结构在地区和时间两个维度上都具有可比性，参照刘修岩等（2016）的方法，给各地级市进行人口密度划分时，以 2001 年的平均人口密度为基准。

### 3.2.3 核心解释变量

鉴于只有实际投入使用的投资额才有可能对城市空间扩张产生影响，本节使用地级市实际利用外资额来表示外商直接投资。为了消除异方差问题，对地级市实际利用外资额进行了对数化处理。

### 3.2.4 控制变量

政府财政缺口（$fgap$）：一般而言，政府面临的财政压力越大，则出售土地的速度和数量也就越快和越大。$fgap_{it} = (fe_{it} - fr_{it})/fr_{it}$，其中 $fr_{it}$ 代表 $i$ 城市 $t$ 时期的预算内财政收入，而 $fe_{it}$ 代表 $i$ 城市 $t$ 时期的预算内财政支出。政府财政缺口表示政府所面临的财政压力，财政缺口为正表示当年政府财政赤字，反之则表示财政盈余，财政缺口越大表示政府当年的财政压力越大，反之财政压力越小。

实际人均收入水平（$rgdp$）：用城市当年的实际人均 GDP 表示。经典的单中心城市理论认为，城市居民收入水平的提高会使原先居住在城市中心的居民向郊区迁移。但也有国内学者认为由于受到城市发展阶段及社会文化观念的影响，我国城市高收入居民群体更愿意居住在距离城市中心较近的区域（郑思齐等，2005）。为研究我国城市居民的收入水平对城市空间扩张的影响，引入人均 GDP 变量。同时，为了避免物价变动所带来的干扰，以 2001 年为基期，利用统计年鉴中上一年等于 100 的省级 GDP 指数及当年名义 GDP 计算出人均实际 GDP。此外，对实际人均 GDP 取自然对数来解决异方差问题。

高等学校在校学生（$stu$）：用高等学校在校人数占地区总人数的比重表示。1999 年我国高校开始扩招，高校在校人数及高校入学率逐年增长。截至 2020 年，我国在校大学生人数已经达到 3285.3 万人，普通本专科招生人数达到 967.45 万人。在校大学生的迅速增加使得学校宿舍无法满足学生住宿需求，因此全国各地纷纷开始建设大学城。政府通过大学城建设带动了周边房地产和商圈的发展。大学城一般选址在城市郊区，在校学生给新建大学城周边带来了旺盛的消费需求，使得住宅区及商圈等逐渐集聚于大学城附近。同时，大学城周围服务业的兴起也吸引大量资本流入和人口就业迁入。在校大学生占城市总人口比重的增加导致城市空间向城市郊区扩张的现象日益凸显。

交通基础设施水平（$road$）：用人均铺装道路面积表示城市交通基础设施水平。在经典的单中心城市经济理论中，城市发展会在很大程度上受城市交通状况的影响，这是因为完善的交通基础设施会降低居民通勤成本，远离城市中心居民的通勤成本也会随之降低，从而导致城市空间扩张加剧。

第三产业从业人员比重（$ter$）：以第三产业就业人员比重表示。金融业和服务业等第三产业的发展会推动城市空间扩张。原因在于，在城市化进程中金融业、服务业等高端产业逐渐向城市中心地区聚集，导致原先位于城市中心区域的第二产业逐渐向外围迁移；此外，随着城市中心区域功能的逐步升级，城市中心土地资源越来越稀缺，中心区域地价逐渐高涨，同时城市交通也愈发拥堵。随着城市交通基础设施的完善以及交通工具的多样化发展，城市"白领"阶层会逐步考虑去房价较低的城市边缘地区安家置业，进一步吸引房地产开发市场逐渐向城市边缘扩张。

人口初始值（*pop*）：以地区年末总人口数来表示。为了消除异方差问题，本节对地区年末总人数进行对数化处理。刘修岩等（2016）认为，与规模较小的城市相比，大城市的住房需求通常相对稳定，而小城市的住房需求通常会因外部环境的变化而变化。这一研究结论也较为符合真实世界的直观体验。在我国，除了北上广深等大城市外，南京、成都、重庆、武汉、苏州等区域中心城市由于历史和现有的经济和政策优势，对于人才要素具有较强的吸引力。地区的人口规模越大，越会使得人口向首位城市中心集聚（陈钊等，2014）。因此，这类城市每年都会吸引大量的人口迁入，尤其是刚毕业的大学生。对于地产开发商而言，大城市对于人才的吸引力为楼盘及商圈的开发投资提供了可靠的保障，所以大城市地产开发受需求变化的影响较小。

## 3.2.5 数据来源及描述性统计分析

本研究主要经济指标数据来源于《中国城市统计年鉴》《中国区域经济统计年鉴》以及具体省份和地级市的统计年鉴。此外，全球夜间灯光数据是由美国国防气象卫星计划（Defense Meteorological Satellite Program，DMSP）的一系列卫星观测所得。DMSP 卫星所携带的传感器能精准观测到城市灯光、火光甚至车流等发出的低强度光亮。该数据并不包含短暂亮光，背景噪音也被识别且用 0 替换，最终只有城市、乡镇中相对稳定的灯光，其空间分辨率为 30 秒，灯光灰度值区间为 0 ~ 63（饱和值为 63）。Landscan 人口分布数据是一个全球范围的 30 秒分辨率人口数据集，它结合了地理信息系统、遥感影像与多元分区密度模型，综合利用人口普查数据、行政区划资料，以及来源于 Landsat TM 的土地覆盖数据、道路、高程、坡度、海岸线数据及 QuickBird、IKONOS 等高分辨率卫星影像，并对数据与模型算法进行年度更新，产生了高质量、高精度的人口数据。由于部分城市数据缺失，为了保证数据的一致，最终样本城市为 230 个。表 3 - 1 为相关变量的描述性统计。

表 3 - 1　　　　　　　　　　描述性统计分析

| 变量名 | 变量解释 | 均值 | 标准差 | 最小值 | 最大值 |
|---|---|---|---|---|---|
| sprawl | 城市蔓延指数 | 0.443 | 0.087 | 0.192 | 0.758 |
| fdi | 外商直接投资 | 9.527 | 1.826 | 2.485 | 14.450 |
| stu | 高等学校在校学生 | 1.357 | 1.933 | 0.004 | 12.704 |
| road | 交通基础设施水平 | 9.406 | 6.729 | 0.14 | 108.37 |
| pop | 人口初始值 | 5.938 | 0.639 | 3.885 | 8.119 |
| fgap | 政府财政缺口 | 127.140 | 120.724 | -42.502 | 1533.939 |
| ter | 第三产业从业人员比重 | 51.951 | 11.981 | 9.91 | 87.57 |
| rgdp | 实际人均收入水平 | 2.334 | 3.165 | 0.216 | 59.353 |

资料来源：笔者自制。

## 3.3
## 外商直接投资影响城市空间扩张的实证结果分析

### 3.3.1　基准回归结果

首先，运用 OLS 方法对全样本数据进行了初步的回归分析。根据表 3 - 2，模型 1 为未引入控制变量的估计结果，可以发现，外商直接投资的估计系数显著为正。模型 2 至模型 8 为逐步引入控制变量的回归结果，可以看出，外商直接投资的估计系数依旧为正。基准回归结果表明，外商直接投资的大量流入对城市空间扩张有显著正向影响，即外商直接投资会导致城市空间扩张程度上升。

表 3 - 2　　　　　　　　　　全样本数据的基准回归结果

| 被解释变量 | 城市蔓延指数 | | | | | | | |
| | 最小二乘法 | | | | | | | |
| | 模型 1 | 模型 2 | 模型 3 | 模型 4 | 模型 5 | 模型 6 | 模型 7 | 模型 8 |
| *fdi* | 0.0079 *** (10.182) | 0.0070 *** (8.3000) | 0.0070 *** (8.1863) | 0.0066 *** (7.6279) | 0.0062 *** (7.1555) | 0.0064 *** (7.2642) | 0.0060 *** (6.7991) | 0.0049 *** (5.3335) |
| *rgdp* | — | 0.0014 * (2.5474) | 0.0014 * (2.5277) | 0.0017 ** (3.0127) | 0.0017 ** (3.1329) | 0.0019 ** (3.2759) | 0.0014 * (2.3763) | 0.0007 (1.1740) |
| *pop* | — | — | − 0.0003 (− 0.044) | − 0.3055 *** (− 3.604) | − 0.2983 *** (− 3.5276) | − 0.2675 ** (− 3.280) | − 0.2327 ** (− 2.8531) | − 0.2205 ** (− 2.7552) |
| *pop*$^2$ | — | — | — | 0.0262 *** (3.6158) | 0.0255 *** (3.5249) | 0.0228 ** (3.2756) | 0.0201 ** (2.8892) | 0.0192 ** (2.8062) |
| *fgap* | — | — | — | — | 0.0000 *** (4.3071) | 0.0001 *** (4.4089) | 0.0001 *** (4.6398) | 0.0001 *** (4.6499) |
| *stu* | — | — | — | — | — | − 0.0015 (− 1.342) | − 0.0013 (− 1.160) | − 0.0020 (− 1.712) |
| *ter* | — | — | — | — | — | — | − 0.0008 *** (− 5.139) | − 0.0008 *** (− 4.765) |
| *road* | — | — | — | — | — | — | — | 0.0010 *** (4.586) |
| *cons* | 0.3682 *** (41.377) | 0.3733 *** (41.007) | 0.3751 *** (8.692) | 1.2562 *** (5.0697) | 1.2363 *** (5.001) | 1.1466 *** (4.813) | 1.0836 *** (4.557) | 1.0450 *** (4.480) |
| 个体效应 | 是 | 是 | 是 | 是 | 是 | 是 | 是 | 是 |
| 时间效应 | 否 | 否 | 否 | 否 | 否 | 否 | 否 | 否 |
| *N* | 2990 | 2990 | 2990 | 2990 | 2990 | 2990 | 2990 | 2990 |
| $R^2$ | 0.0420 | 0.0457 | 0.0457 | 0.0585 | 0.0606 | 0.0577 | 0.0655 | 0.0689 |

注：*** 、** 、* 分别表示在 1% 、5% 、10% 水平条件下显著，括号内数据为 $t$ 值。

资料来源：笔者自制。

下面再来观察一下控制变量，实际人均收入水平的估计系数在引入所有控制变量之后不显著为正，意味着城市实际人均收入的上升并没有对城市空间扩张产生影响。该结果虽然与单中心城市理论的观点并不一致，但与我国国情更为符合，即我国城乡二元户籍制度很大程度上限制和影响着城市居民对于居住地的选择。城市初始人口规模一次项的估计系数显著为负，二次项的估计系数显著为正，说明城市初始人口规模与城市空间扩张表现为正"U"型关系，即城市空间扩张程度随着人口规模的增加先下降再上升。原因可能在于，城市规模较小时市中心聚集着众多资源，城市增长速度远快于人口增长速度；而当城市规模较大时城市中心区域的集聚经济优势逐渐减小，各种资源逐步向城市边缘扩散，加剧了城市空间扩张。政府财政缺口变量的估计系数显著为正，表明财政缺口对城市空间扩张有正向影响。政府在财政赤字压力较大的情况下，会通过出售辖区内土地资源这一最为直接有效的手段来缓解赤字。通常情况下，财政赤字压力越大，出售土地的数量越多，速度越快，从而也容易导致城市空间扩张。高等学校在校学生变量的估计系数为负但不显著，表明在大学生规模扩大的过程中，城市空间扩张不仅不会加剧，反而可能会得到缓解。可能的原因在于大学城多处于城市边缘地区且与城市开发区相比需要投入的资源较小，因此与大学城相比，市中心对于应届毕业生的吸引力更大。随着大学毕业生的增多，人才就业和资金逐步向城市中心集聚，反而减缓了城市低密度无序扩张的趋势。第三产业从业人员比重变量的估计系数显著为负，表明金融业等现代服务业的规模扩大可以减缓城市空间扩张。金融业、保险业等现代服务业的不断发展和资本、人才等要素逐渐向城市中心聚集，反而抑制了城市空间扩张。人均道路面积的估计系数显著为正，意味着城市交通基础设施的完善和健全会导致城市空间扩张，这一结论与单中心城市理论是一致的。伴随着交通基础设施的逐步完善，城市居民的通勤成本下降，居住在城市郊区的通勤成本也会随之降低，城市中心居民向城市郊区迁移的意愿就会加强，从而加剧城市空间扩张。

## 3.3.2 估计方法异质性

在回归的过程中如果遗漏变量或者忽略了变量之间的内生问题，就有可能导致估计结果的有偏或者不稳。对此，本研究将运用工具变量法解决可能存在的内生性问题。2SLS 和两阶段 GMM 工具变量法是常用的工具变量法，但由于2SLS 工具变量法并没有通过 Hausman 检验，而两阶段 GMM 固定效应法则通过了相关性检验，因此本研究选择两阶段 GMM 固定效应法进行回归分析。考虑到外商直接投资对于城市空间结构的影响可能存在一定的时滞性，本研究选择外商直接投资的一阶滞后项作为工具变量，同时固定个体效应（如表 3-3 所示）。

表 3-3　　　　　　　全样本数据在不同估计方法下的回归结果

| 被解释变量 | 城市蔓延指数 | | | | | |
|---|---|---|---|---|---|---|
| | 混合回归模型 | | 固定效应 | | 广义矩估计 | |
| | 模型 9 | 模型 10 | 模型 11 | 模型 12 | 模型 13 | 模型 14 |
| fdi | 0.0079 *** (10.1818) | 0.0049 *** (5.3335) | 0.0087 *** (10.9924) | 0.0041 *** (4.3818) | 0.0084 *** (7.7955) | 0.0041 ** (2.9191) |
| rgdp | — | 0.0007 (1.1740) | — | 0.0016 * (2.2495) | — | 0.0014 (1.8779) |
| pop | — | -0.2205 ** (-2.7552) | — | -1.1948 *** (-7.8052) | — | -1.0802 *** (-6.1851) |
| $pop^2$ | — | 0.0192 ** (2.8062) | — | 0.1045 *** (8.0289) | — | 0.0935 *** (6.3115) |
| fgap | — | 0.0001 *** (4.6499) | — | 0.0000 ** (2.8467) | — | 0.0000 (0.7079) |
| stu | — | -0.0020 (-1.7115) | — | 0.0005 (0.4137) | — | -0.0002 (-0.1605) |
| ter | — | -0.0008 *** (-4.7652) | — | -0.0006 *** (-3.6841) | — | -0.0006 ** (-3.2526) |
| road | — | 0.0010 *** (4.5862) | — | 0.0008 *** (3.6483) | — | 0.0007 ** (2.6438) |
| cons | 0.3682 *** (41.3772) | 1.0450 *** (4.4800) | 0.3601 *** (47.4144) | 3.7872 *** (8.3622) | — | — |
| 个体效应 | 是 | 是 | 是 | 是 | 是 | 是 |
| 时间效应 | 否 | 否 | 否 | 否 | 否 | 否 |
| N | 2990 | 2990 | 2990 | 2990 | 2760 | 2760 |
| $R^2$ | 0.0420 | 0.0689 | 0.0420 | 0.0865 | — | — |
| Hausman_Test | — | — | 0.0000 | — | — | 0.0006 |

注：*** 、** 、* 分别表示在 1%、5%、10% 水平条件下显著，括号内数据为 t 值。
资料来源：笔者自制。

表 3 – 3 中模型 9 至模型 14 分别汇报的是基于混合 OLS、固定效应以及两阶段 GMM 固定效应法的回归结果，两阶段 GMM 固定效应法通过了 Hausman 检验并且工具变量也通过了相关性检验。其中，模型 9、模型 11 和模型 13 是未引入控制变量时的估计回归结果；模型 10、模型 12 和模型 14 为引入全部控制变量时的回归结果。以模型 14 的估计结果为准，可以看出，不论是否引入控制变量还是替换估计方法，外商直接投资变量的估计系数均显著为正，这与表 3 – 2 的估计结果一致。

### 3.3.3 区域异质性

改革开放 40 多年以来，我国已经成为吸引外商直接投资流入的第一大国。但外商直接投资在我国的分布并不均衡，"东强西弱"的空间特征明显。因此，依据外商直接投资流入的区域差异性，本节将全部样本城市划分为东部城市群和中西部城市群，考察外商直接投资流入的区域差异性对城市空间扩张所产生的异质性影响（如表 3 – 4 所示）。

表 3 – 4　　外商直接投资流入区域差异性影响城市空间扩张的回归结果

| 被解释变量 | 城市蔓延指数 | | | | | |
| --- | --- | --- | --- | --- | --- | --- |
| | 东部地区城市群 | | | 中西部地区城市群 | | |
| | 最小二乘法 | 固定效应 | 广义矩估计 | 最小二乘法 | 固定效应 | 广义矩估计 |
| | 模型 15 | 模型 16 | 模型 17 | 模型 18 | 模型 19 | 模型 20 |
| $fdi$ | 0.0034 (1.9133) | 0.0023 (1.2929) | 0.0079** (2.9674) | 0.0041*** (3.2933) | 0.0036** (2.8458) | 0.0014 (0.6299) |
| $rgdp$ | -0.0005 (-0.7694) | 0.0013 (1.6816) | 0.0005 (0.5981) | 0.0083*** (4.1696) | 0.0065** (3.0399) | 0.0072** (2.8343) |
| $pop$ | -0.2929* (-2.5223) | -1.6836*** (-7.9679) | -1.3326*** (-5.4419) | -0.1432 (-1.3341) | -0.6614** (-2.9707) | -0.6350* (-2.4691) |
| $pop^2$ | 0.0271** (2.7187) | 0.1470*** (8.0979) | 0.1162*** (5.5362) | 0.0116 (1.2730) | 0.0612*** (3.3091) | 0.0586** (2.7722) |

续表

| 被解释变量 | 城市蔓延指数 | | | | | |
|---|---|---|---|---|---|---|
| | 东部地区城市群 | | | 中西部地区城市群 | | |
| | 最小二乘法 | 固定效应 | 广义矩估计 | 最小二乘法 | 固定效应 | 广义矩估计 |
| | 模型 15 | 模型 16 | 模型 17 | 模型 18 | 模型 19 | 模型 20 |
| $fgap$ | 0.0001 *** (4.2054) | 0.0001 ** (3.0453) | 0.0001 * (2.3727) | 0.0000 ** (3.0604) | 0.0000 (1.6003) | − 0.0000 (− 0.1487) |
| $stu$ | − 0.0028 (− 1.7652) | − 0.0001 (− 0.0311) | − 0.0010 (− 0.5295) | − 0.0035 * (− 2.1335) | − 0.0007 (− 0.3706) | − 0.0015 (− 0.7856) |
| $ter$ | − 0.0008 *** (− 3.7034) | − 0.0005 * (− 2.3657) | − 0.0005 (− 1.9596) | − 0.0007 ** (− 2.8504) | − 0.0006 * (− 2.3894) | − 0.0006 * (− 2.1771) |
| $road$ | 0.0022 *** (6.6752) | 0.0018 *** (5.2995) | 0.0015 *** (4.0635) | − 0.0002 (− 0.5924) | − 0.0003 (− 0.7955) | − 0.0004 (− 1.1244) |
| $cons$ | 1.2018 *** (3.5399) | 5.1761 *** (8.3729) | — | 0.8571 ** (2.7385) | 2.1726 ** (3.2081) | — |
| 个体效应 | 是 | 是 | 是 | 是 | 是 | 是 |
| 时间效应 | 否 | 否 | 否 | 否 | 否 | 否 |
| $N$ | 1274 | 1274 | 1176 | 1716 | 1716 | 1584 |
| $R^2$ | 0.1090 | 0.1448 | — | 0.0616 | 0.0714 | — |
| $Hausman\_Test$ | — | 0.0000 | 0.0073 | — | 0.0000 | 0.0060 |

注：***、**、* 分别表示在 1%、5%、10% 水平条件下显著，括号内数据为 $t$ 值。

资料来源：笔者自制。

根据表 3 − 4，模型 15 至模型 17 和模型 18 至模型 20 分别为针对东部城市群和中西部城市群的回归结果。以两阶段 GMM 固定效应法为准，模型 17 和模型 20 的回归结果显示，东部城市群外商直接投资变量的估计系数显著为正，而中西部城市群外商直接投资变量的估计系数虽然为正，但没有通过显著性检验，可能因为东部城市群地理区位优势明显，拥有良好的营商环境，招商引资的能力和规模都要明显强于中西部城市群。因此，就东部地区城市群而言，外商直接投资的大量流入对其城市空间分布的影响也更为明显。中西部地区受制于经济发展滞后、营商环境相对较差、招商引资规模较小等多种因素的影响，外商直接投资的流入规模较小，因此对其城市空间布局产生的影响不如东部城市群明显。综上，这一回归结果表明，外商直接投资流入的区域差异性会对不同城市群的城市空间扩张产生异质性影响。

3.4

## 稳健性检验

### 3.4.1 "胡焕庸线"东南一侧城市群

长期以来，我国人口与经济的空间分布并不平衡，"胡焕庸线"难题至今难以突破。"胡焕庸线"不仅是一条人口地理分界线，同时也是一条经济分界线。"胡焕庸线"东南一侧地区占全国土地面积的 36%，但却集中了全国 96% 的人口；西北一侧地区占据着全国土地面积的 64%，仅居住着 4% 的人口。由于地理及生态环境因素的制约，"胡焕庸线"西北一侧的经济发展水平和人口规模均落后于东南一侧。[①] 自 20 世纪 90 年代邓小平南方谈话以来，我国对外开放水平不断提升。1992 ~ 2001 年实际利用外资共计 3701.68 亿美元。在我国加入 WTO 以及不断深化对外开放水平的背景下，外商直接投资的流入持续增加。2010 年，我国外商直接投资额首次突破千亿美元，同比增长 17.4%。伴随着外商直接投资规模的不断上升，外商直接投资流入的区域差异性也开始显现。从实际利用外资规模来看，东南一侧城市群实际利用外商直接投资的规模要远高于西北一侧城市群；但从实际利用外资的增长速度来看，东南一侧城市群要慢于西北一侧城市群。可能的原因在于，西北一侧实际利用外资基础较小，加之政府鼓励外资向落后地区投资，因此其增长速度相对较快。总体而言，"胡焕庸线"西北一侧的外商直接投资流入规模虽有所

---

① "胡焕庸线"两侧人口与土地的相关数据来源于 2000 年第五次人口普查资料。

增加，但依然与东南一侧城市群有较大差距。因此，为了避免小样本偏差对回归结果的影响，本节剔除了"胡焕庸线"西北一侧的城市群样本，再次进行了实证检验，以确保结论的稳健性。

根据表 3-5，不论是否引入控制变量或运用不同的计量方法，"胡焕庸线"东南一侧城市群外商投资变量的估计系数均显著为正，意味着外商直接投资对东南一侧城市群的城市空间扩张有显著正向影响。这一结论与表 3-4 的估计结果是一致的，即在经济较为发达地区的城市群，外商直接投资的大量流入会导致城市空间扩张。

表 3-5　　　　　"胡焕庸线"东南一侧城市群的回归结果

| 被解释变量 | 城市蔓延指数 | | | | | |
| --- | --- | --- | --- | --- | --- | --- |
| | 最小二乘法 | | 固定效应 | | 广义矩估计 | |
| | 模型 21 | 模型 22 | 模型 23 | 模型 24 | 模型 25 | 模型 26 |
| $fdi$ | 0.0083 *** (10.3287) | 0.0043 *** (4.5999) | 0.0092 *** (11.2088) | 0.0035 *** (3.6202) | 0.0091 *** (8.1095) | 0.0034 * (2.3828) |
| $rgdp$ | — | 0.0007 (1.1752) | — | 0.0016 * (2.1818) | — | 0.0014 (1.8300) |
| $pop$ | — | -0.1933 * (-2.3952) | — | -1.1134 *** (-6.7314) | — | -0.9580 *** (-5.2177) |
| $pop^2$ | — | 0.0168 * (2.4408) | — | 0.0980 *** (7.0600) | — | 0.0838 *** (5.4359) |
| $fgap$ | — | 0.0001 *** (5.4153) | — | 0.0000 *** (3.6664) | — | 0.0000 (1.6282) |
| $stu$ | — | -0.0033 ** (-2.7257) | — | -0.0012 (-0.9099) | — | -0.0020 (-1.3469) |
| $ter$ | — | -0.0007 *** (-3.9788) | — | -0.0006 ** (-3.1577) | — | -0.0005 ** (-2.8316) |
| $road$ | — | 0.0021 *** (7.1257) | — | 0.0017 *** (5.8263) | — | 0.0015 *** (4.6684) |

| 被解释变量 | 城市蔓延指数 | | | | | |
|---|---|---|---|---|---|---|
| | 最小二乘法 | | 固定效应 | | 广义矩估计 | |
| | 模型 21 | 模型 22 | 模型 23 | 模型 24 | 模型 25 | 模型 26 |
| *cons* | 0.3641 *** (39.8596) | 0.9590 *** (4.0683) | 0.3549 *** (44.9047) | 3.5294 *** (7.1207) | — | — |
| 个体效应 | 是 | 是 | 是 | 是 | 是 | 是 |
| 时间效应 | 否 | 否 | 否 | 否 | 否 | 否 |
| *N* | 2834 | 2834 | 2834 | 2834 | 2616 | 2616 |
| $R^2$ | 0.0458 | 0.0855 | 0.0458 | 0.1009 | — | — |
| *Hausman_Test* | — | — | 0.0000 | — | — | 0.0000 |

注：***、**、*分别表示在1%、5%、10%水平条件下显著，括号内数据为 *t* 值。
资料来源：笔者自制。

## 3.4.2　替换被解释变量

城市郊区化是指城市化发展到一定阶段后，城市居民逐渐向城市郊区扩散的过程。在我国，城市郊区化出现的一个重要原因是地方政府主导下的开发区建设。城市大规模无序的开发建设会导致城市空间的低密度快速扩张。因此，城市郊区化可以在一定程度上反映城市空间扩张程度。为确保结论的稳健性，采用城市郊区化指数替换城市蔓延指数进行实证分析。关于城市郊区化指数，参考刘修岩等（2016）的方法，基于 Landscan 全球动态统计分析数据集，以距离城市中心区域三公里为界提取居住人口值，同时利用年鉴中的年末总人口数据来测算。

根据表 3-6，用城市郊区化指数替换城市蔓延指数之后，无论是否引入控制变量或运用不同计量方法，外商直接投资变量的估计系数依然显著为正，意味着外商直接投资的大量流入会导致城市郊区化程度的上升，即外商直接投资会加剧城市空间扩张，这与表 3-3 的结果是一致的，该结论具有很好的稳健性。

表 3 - 6　　　　　　　　　　　替换被解释变量后的回归结果

| 被解释变量 | 城市蔓延指数 | | | | | |
| --- | --- | --- | --- | --- | --- | --- |
| | 最小二乘法 | | 固定效应 | | 广义矩估计 | |
| | 模型 27 | 模型 28 | 模型 29 | 模型 30 | 模型 31 | 模型 32 |
| *fdi* | 0.0079 *** (10.1818) | 0.0049 *** (5.3335) | 0.0087 *** (10.9924) | 0.0041 *** (4.3818) | 0.0084 *** (7.7955) | 0.0041 ** (2.9191) |
| *rgdp* | — | 0.0007 (1.1740) | — | 0.0016 * (2.2495) | — | 0.0014 (1.8779) |
| *pop* | — | - 0.2205 ** ( - 2.7552) | — | - 1.1948 *** ( - 7.8052) | — | - 1.0802 *** ( - 6.1851) |
| $pop^2$ | — | 0.0192 ** (2.8062) | — | 0.1045 *** (8.0289) | — | 0.0935 *** (6.3115) |
| *fgap* | — | 0.0001 *** (4.6499) | — | 0.0000 ** (2.8467) | — | 0.0000 (0.7079) |
| *stu* | — | - 0.0020 ( - 1.712) | — | 0.0005 (0.414) | — | - 0.0002 ( - 0.161) |
| *ter* | — | - 0.0008 *** ( - 4.765) | — | - 0.0006 *** ( - 3.684) | — | - 0.0006 ** ( - 3.253) |
| *road* | — | 0.0010 *** (4.586) | — | 0.0008 *** (3.648) | — | 0.0007 ** (2.644) |
| *cons* | 0.3682 *** (41.377) | 1.0450 *** (4.480) | 0.3601 *** (47.414) | 3.7872 *** (8.362) | — | — |
| 个体效应 | 是 | 是 | 是 | 是 | 是 | 是 |
| 时间效应 | 否 | 否 | 否 | 否 | 否 | 否 |
| *N* | 2990 | 2990 | 2990 | 2990 | 2760 | 2760 |
| $R^2$ | 0.0420 | 0.0689 | 0.0420 | 0.0865 | — | — |
| *Hausman_Test* | — | — | 0.0000 | — | — | 0.0006 |

注：***、**、* 分别表示在 1%、5%、10% 水平条件下显著，括号内数据为 *t* 值。
资料来源：笔者自制。

3.5

# 本 章 小 结

本章首先对外商直接影响城市空间扩张的作用机理进行了深入分析；然后运用 OLS 估计方法对全样本城市进行了基准回归分析，结果发现，外商直接投资对于城市空间扩张具有显著的正向影响；为了解决可能存在的内生性问题，使用两阶段 GMM 模型再次进行了回归分析；同时，为了验证外商直接投资流入的区域差异对城市空间扩张的异质性影响，将全部研究样本划分为东部城市群和中西部城市群进行了稳健性检验；进一步使用"胡焕庸线"东南一侧城市群以及变换被解释变量两种方法再次进行实证检验，外商直接投资对城市空间扩张的正向影响仍旧成立。

## 3.5.1 主要结论

第一，外商直接投资对城市空间扩张有显著正向影响，即外商直接投资会导致城市空间扩张速度的上升。外商直接投资的流入会通过人才、资本等生产要素的聚集直接推动城市空间由城市中心向城市外围扩张。改革开放 40 多年以来，地方政府为推动本地区经济的快速发展，纷纷出台各种政策和措施来吸引外商直接投资流入，而新建开发区便是其中一项重要的举措。然而，这一典型区位导向型产业政策的实现，需要依赖政府在前期进行各种资源要素的大量投入。首先，政府要在城市郊区划拨土地供外资企业使用；其次，政府还要完善周边的配套设施，实现承接产业转移以及提升就业的目的。外商直接投资可以通过产业结构调整间接影响城市空间扩张。通过对我国历年来外资流入区位布局的典型事实梳理可以发现，针对制造业而言，早期外资企业多布局于城市中心区域，如今则多选择在郊区；从外资企业资本规模来看，大型外资企业多选择在城市近郊或远郊布局，而一些小型外资企业则会选择在城市中心区域或城市中心边缘布局；从外资企业类型来看，纺织服装、食品加工等劳动密集型外资企业会选择在城市中心区域布局，而资本和技术密集型企业则会选择在郊区布局。外商直接投资可以通过影响居民收入水平间接影响城市空间扩张。鉴于城市中心区域居住空间的饱和及城市环境的日趋恶化，原本居住在城市中心的高收入居民往往会选择向生态环境更好的城市近郊迁移。在郊区新城，他们可以在投入量相同的情况下获得更大的居住空间以及更好的居住环境。

第二，外商直接投资的区域差异性会对城市空间扩张产生异质性影响。在区域经济发展水平、地理区位环境等各种因素的影响下，外商直接投资在我国呈现空间分布不均匀的状态，东部城市群实际利用外商直接投资远高于中西部地区城市群，"东强西弱"的空间特征明显。东部城市群凭借地理区位优势以及良好的营商环境，招商引资的能力和规模明显强于中西部城市群。因此，相较于中西部地区，外商直接投资的大量流入对东部地区城市群的空间分布影响更为明显。中西部地区受制于经济发展滞后、营商环境相对较差、招商引资规模较小等多种因素的影响，外商直接投资的流入规模较小，因此对其城市空间布局产生的影响不如东部城市群明显。

## 3.5.2　主要启示

新时代中国城市化建设取得重大成就，过去 5 年有 8000 多万农业专业人口成为城镇居民。本章立足中国城市化发展过程中城市空间扩张问题的现状，以外商直接投资为切入点，深入探究中国城市空间扩张的成因之谜。基于理论与实证研究分析得出如下启示。

在我国大力推进城市化建设的进程中，政府应密切关注外商直接投资流入所导致的城市空间扩张现象，即城市空间的低密度快速扩张问题。不可否认，在改革开放初期，随着外商直接投资的流入，城市就业市场得到了发展，对于我国城市化发展具有重要意义。一方面，具有外资背景的企业，尤其是制造业企业的进入在增加城市就业岗位的同时，也吸引了周边地区的劳动力进城务工，成为推动城市化的重要"推手"；另一方面，外商直接投资的流入使得我国城市化建设初始资本的来源更趋多元化，有效缓解了城市化建设资本不足的难题，成为推动城市化的重要"拉力"。但伴随着外商直接投资的大量流入，外商直接投资的区域分布效应也开始凸显。因此，应该防止外商直接投资在实际利用过程中的过度分散化现象，提高各类企业的土地利用效率，严格把控企业对土地的实际利用状况，同时地方政府需要为外资企业集群式发展创造条件，避免分散式盲目投资，发挥集聚效应，避免"鬼城"现象的出现。

# 第 4 章

# 中国城市空间扩张影响生态
环境的作用机理

第3章深入分析了外商投资直接影响城市空间扩张的作用机理,验证了外商直接投资流入的区域差异对城市空间扩张的异质性影响,地方政府应合理利用外商直接投资这把"双刃剑",推动城市发展。目前,有关城市空间扩张"后果"的研究多关注于城市空间扩张的经济效应,即城市空间扩张对生产率的影响,却忽略了城市空间扩张的生态环境效应,而进一步探究多中心城市或多中心集聚影响城市生态环境的内在机理并开展实证检验的文献则更少。因此,不同于以往研究,本章将基于多中心城市和多中心集聚理论,从交通出行时间、距离及方式的改变、城市建筑及其基础设施建设、环境规制强度的差异对微观主体区位决策的影响等视角进行切入,深入分析其对城市生态环境的作用机制。

## 4.1

## 城市空间扩张、交通出行能耗与城市生态环境

城市空间是城市社会经济活动实现的重要载体,城市中分布着各种性质的土地,决定了居民社会经济活动的地点。城市空间结构的集中度、分散度和土地利用混合度对交通出行能耗起着至关重要的作用,同时也是影响城市

区域有利长线通勤和不利短线通勤的重要因素。塞尔韦罗（Cervero R，1996）基于 1985 年美国住户调查数据的实证分析发现，提升城市开发密度并结合土地混合利用水平可以降低机动车的通勤距离。施瓦宁（Schwanen T，2001）针对荷兰的研究表明，土地分散化的利用模式一方面提高了私家车的通勤比例，另一方面使得公共交通、自行车和步行等非机动车出行方式的比重下降。由此可见，城市土地利用模式与通勤距离、通勤频率和通勤方式的选择有着直接关系，并由此对交通出行能耗产生影响。

## 4.1.1　城市人口密度与交通出行能耗

城市是由社会、经济和生态等诸多系统要素所构成的综合体，城市密度是城市各系统要素密度的综合，是各系统要素在空间范围内数量的体现。在交通规划范畴内，城市密度多指城市人口密度，即在城市区域范围内生活的人口疏密程度，其测算方法为城市人口与城市区域面积之比。这一比值反映的是单位城市区域面积内的人口居住数量，数值越高表明城市人口密度程度越高。目前，已有诸多学者对城市密度与交通出行能耗之间的关系展开了大量的研究。纽曼和肯沃西（Newman P W G and Kenworthy J R，1989）针对全球 32 个大城市的实证研究表明，城市人口密度与交通出行能耗之间存在显著的负向关系。根据图 4-1 可以看出，城市人口密度越低，人均交通出行能耗越大。新加坡等人口密度相对较高的亚洲城市位于图 4-1 的右下角，休斯敦、费城等人口密度相对较低的城市位于图 4-1 的左上角。美国城市的人均能耗量约为悉尼、墨尔本等澳洲城市的 2 倍，约为亚洲城市的 4 倍。此外，汽油消耗量与油价、居民人均收入水平和燃油效率有着较强的相关性，因此城市空间结构对汽油消耗量和私家车出行有着绝对的影响力，并认为合理的城市空间扩张模式应以轨道交通为轴线进行城市中心区域的高密度开发。科弗林和施瓦宁（Coevering P V D and Schwanen T，2006）基于欧洲、加拿大及美国 31 个城市的数据进行研究后发现，城市人口密度越高的区域，居民出行越倾向于步行或骑自行车而较少选择私家车。达席尔瓦（da Silva A N R，2007）运用回归分析和人工神经网络两种方法对巴西 27 个州府城市进行研究后发现，城市人口密度与城市能源消耗总量之间存在显著负向关系，而城市最长空间距离与城市能源消耗总量之间则存在显著正向关系，收入和职业与城市能源消耗总量之间相关性较小。因此，发展中国家通过优化城市空间规划来降低能源消耗量。此外，也有学者的研究表明城市密度与城市交通出行能耗之间并不存在显著相关关系，原因在于私家车保有量与城市密度之间存在一定的矛盾（Gordon and Richardson，1997）。

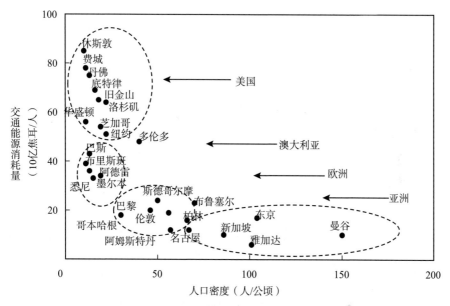

**图 4 - 1  城市人均交通能源消耗量与人口密度**

资料来源：根据《交通能耗在城市绿色交通规划中的应用》相关资料整理。

## 4.1.2  城市空间形态分布与交通出行能耗

城市空间形态主要是由节点和连接两大要素构成，它既是城市空间结构的整体表现，又是城市三维形状和外瞻的体现，同时还是城市空间布局和内部密度的综合反映。其中，城市节点又可以被划分为交通节点和经济节点两类，代表的是城市活动中心。一般而言，与城市空间形态有关的交通性能指标包含可动性、可达性和居民出行时间。

从解决城市交通问题视角来看，城市空间形态可以分为四种类型（如图4-2所示）。（1）以洛杉矶、底特律等为典型代表的"完全机动化"城市空间形态。这一类城市空间以低密度方式进行扩张，没有明显的城市中心，城市主要道路网为高速公路，而公共交通只服务于主要干道，方格状的交通道路网起到平均交通流量的功能。（2）以哥本哈根、墨尔本、波士顿等为典型代表的"弱中心"城市空间形态。这一类城市虽然拥有城市中心，但规模较小，不能有效渗透到城市各区域，公共交通换乘公路与放射状主干道的交汇处存在一些更小规模的城市次级中心，因而城市中心的主导地位也被大大削弱。（3）以巴黎、东京、悉尼等为典型代表的"强中心"城市。这一类城市往往拥有强大的城市中心，高速公路网络呈放射向心状散开，公共交通服

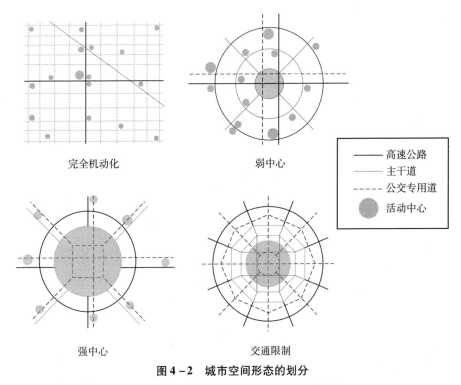

图4-2　城市空间形态的划分

资料来源：根据《交通能耗在城市绿色交通规划中的应用》相关资料整理。

务也最为发达，环城高速公路与放射状主干道的交汇处存在一些城市次级中心，这在一定程度上对城市中心的交通堵塞起到了疏解的作用。(4) 以伦敦、新加坡、中国香港等为典型代表的"交通管制"城市。这一类城市拥有高密度的城市中心，并建造有不同等级的次级中心。城市中心区域实施严格的交通管制，居民出行以公交为主，并辅之以轨道交通，公共交通服务呈网络化特征，而城市外围的交通出行则主要以私家车为主 (Thomson，1982)。

从公共交通与城市形态的匹配来看，可以分为三种类型（如图 4-3 所示）。(1) 以斯德哥尔摩、哥本哈根、东京和新加坡等为典型代表的"城市适应公共交通"型城市。该类城市的主要特征为混合型用地的城市郊区与新城镇集中于轨道交通车站辐射范围内发展。(2) 以卡尔斯鲁厄、阿德莱德、墨西哥为典型代表的"公共交通适应小汽车"型城市。该类城市的主要特征为通过提升公共交通服务和技术作为私家车出行的有效辅助，适应城市空间的低密度分散化发展。(3) 以慕尼黑、渥太华、库里提巴为典型代表的"混合型"城市。该类城市一方面集中于公共交通走廊区域发展，另一方面也将公共交通服务扩展到城市郊区，实现了二者之间的平衡。

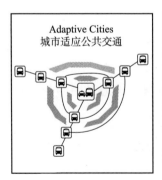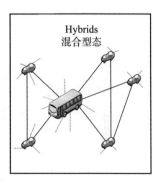

**图 4-3 依据公交服务划分的城市空间形态**

资料来源：根据《交通能耗在城市绿色交通规划中的应用》相关资料整理。

综上，尽管城市空间形态的分类方法有很多，但尤其以单中心和多中心城市对交通出行影响较大。贝尔托（2003）指出多中心集聚是拥有 500 万以上人口的大城市基于集聚收益与交通成本权衡后的最优空间分布形态。丁成日（2007）的研究表明，城市空间形态不同，城市交通道路网的分布特征也有明显差异。单中心城市居民就业主要集中于城市商业中心，城市交通道路网呈放射状特征；由于多中心城市各次级中心规模不等，因此其交通道路网呈随机状、放射状或二者混合型特征。孙斌栋和潘鑫（2008）则分别梳理出了单中心城市和多中心城市对交通出行影响的异质性。部分支持单中心城市空间形态的学者认为，多中心城市空间形态会导致就业分散化，无法实现就业与居住的平衡，从而使居民通勤时间成本和距离成本上升，因此认为政府应通过提高公共交通服务效率来降低通勤时空距离。一些支持多中心城市空间形态的学者指出，多中心可以使就业分散于各次级中心，有效缓解城市中心的过度拥堵，同时居民和企业也可以通过空间位置的周期性调整来实现就业与居住的平衡，达到降低交通出行总量、缩短出行距离和减少出行时间的目的（孙斌栋和潘鑫，2008）。

目前，我国的一些中小城市多为单中心城市空间形态，这显然与我国城市发展演化的历史和较为单一的城市交通形式密切相关。进入新时代，北京、上海、广州和深圳等一线城市以及南京、苏州等新一线城市为摆脱由于城市空间无序扩张所带来的交通拥堵、能源过度消耗、城市人口密度过高、环境承载力红线等困境，期望通过建造新城区或次级中心，让城市空间实现由单中心向多中心转变。黄建中（2006）对城市空间形态与居民出行之间的关系进行归纳，具体如图4-4所示。观察可知，城市空间形态会对居民通勤方式选择及城市交通模式产生影响，同时又会直接影响居民的通勤距离和时间，最终对城市交通能耗产生较大影响。

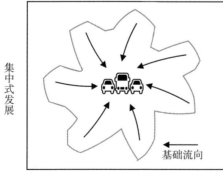
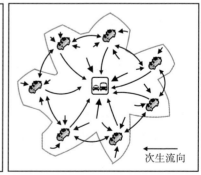

集中式发展

基础流向　　　　　　　　次生流向

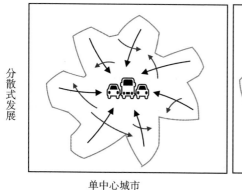

分散式发展

单中心城市　　　　　　　　　多中心城市

**图4－4　单中心和多中心城市空间结构下的交通形态**

资料来源：根据《交通能耗在城市绿色交通规划中的应用》相关资料整理。

## 4.1.3　城市空间扩张与城市生态环境

通过前述分析可知，城市空间扩张可以通过影响交通出行时间、距离及改变出行方式等引致城市能源消耗，从而影响城市生态环境。阿奎莱拉和米格诺（Aguilera A and Mignot D，2004）的研究表明，在向多中心城市或多中心集聚演化的进程中，就业次中心随之产生，先前居住和就业分离较远的职工可以转移至就近的就业次中心，从而缩短通勤时间和距离。塞尔韦罗和兰迪斯（Cervero R and Landis W J，1992）、塞尔韦罗和吴（Cervero R and Wu K L，1997）针对美国旧金山海湾地区的研究则表明，就业中心外迁会导致外围就业中心交通出行时间和距离增加，同时乘坐公共交通出行的比重也会下降。这是因为虽然缩短了原本居住在郊区职工的通勤距离，但也增加了仍然居住在城市中心职工的通勤距离。孙斌栋和潘鑫（2008）的研究发现，在通勤距离基本相同的情况下，上海外围就业次中心的通勤时间要低于城市中心，这是因为城市外围的交通环境更加通畅。针对同一问题的研究之所以会得出不一致结论，主要原因在于城市次级中心的居住和就业能否实现平衡，同样这一判断也适用于交通通勤。如果多中心城市的不同中心均可以实现居住、就业及生活功能的平衡，且就近中心区域可以满足职工所有出行需求，那么交通出行距离的降低必然会减少交通能耗。以闲暇为例，霍尔登（Holden E，

2005）针对奥斯陆的研究表明，在单中心城市生活的居民远离自然，为了在闲暇时间欣赏自然环境而借助于交通工具长途旅行，意味着交通能耗的增加；多中心城市因为相对接近自然，闲暇时就可以亲近自然，使得交通通勤能耗减少，有利于能源效率的改善。相反，如果多中心城市的不同中心不能实现居住、就业及生活功能的平衡，则其交通通勤可能是杂乱无章的，无法实现就近出行需求，还可能出现跨中心区域交通通勤，甚至其平均出行距离在极端情况下要比单中心城市空间结构的向心式出行耗费时间更长，此时的交通通勤能耗也会增加，不利于城市生态环境的改善。此外，可以通过改变居民出行方式的选择改变交通通勤能耗，进而对当地生态环境产生影响。当距离较远时，居民更加倾向于选择私家车出行，这是因为相比于步行或其他非机动车出行方式，私家车耗时更短。也有研究表明，相同数量的乘客，同样的运输距离，私家车出行所消耗的能源要高于非机动车或公共交通出行消耗的能源。同时，私家车还会排放更多的尾气，不利于城市生态环境质量的提升。功能均衡的多中心城市，居民就近出行需求得以满足，平均出行距离要短于单中心城市，同时非机动车和公共交通出行比重要高于单中心城市，因此其交通通勤能耗也较低，有利于改善城市生态环境。

## 4.2

# 城市空间扩张、城市建设与城市生态环境

城市空间扩张可以通过城市建筑以及基础设施建设影响城市生态环境。城市空间的无序扩张往往会导致农业用地减少，吞噬湿地和绿色空间，破坏生物多样性，最终导致城市生态环境质量下降。这是因为在我国快速推进城市化的进程中，建设用地的环境规划相对滞后，所采用的环境污染防治策略多为被动式的城市绿化治理措施，即"先占用，后修复或后规划"，弱化了生态环境本身的自净和调节能力，从而整体上破坏了城市的生态环境质量。城市空间扩张和多中心集聚意味着居民生产和生活空间的扩大，直接表现便是城市建筑及对基础设施需求的增加。城市建筑及基础设施不论是在建造过程

中还是完成之后的运行过程中都会消耗能源，排放环境污染物，进而影响城市生态环境。目前，以拍卖的方式将土地使用权有偿转让给房地产企业是我国城市土地的主要开发模式。房地产企业在获得土地使用权之后往往只负责住宅和商业的开发，而将医院、学校及其他配套基础设施抛给地方政府，从而使其背负了巨大的社会成本。一旦配套基础设施的建设和发展滞后于住宅和商业，便会造成该区域吸引人口的能力不足，土地城市化快于人口城市化，加剧城市空间扩张。这种依赖于"钢筋混凝土"的城市土地开发模式不仅会在城市建筑施工、城市住宅开发和配套基础设施建设过程中消耗大量的煤炭、油和电力等能源，同时也带来了大量"三废"等环境污染物排放。此外，为了应对 2008 年全球经济危机带来的影响，我国先后出台了"国十条"和"国三十条"，提出了两年内投入 4 万亿元人民币的投资计划，同时还包括交通基础设施投资和 2008 年汶川地震后的灾后重建，这虽然能有效防止中国经济增长率的下滑，但也导致了能源消耗量和二氧化碳等环境污染物排放量的增加。此外，随着居民生活水平的不断提升，各种家用电器的广泛使用必然会进一步提高城市建筑运行过程中的能源消耗。能源消耗越多，意味着二氧化碳、二氧化硫、烟尘和粉尘等环境污染物的排放量越多，显然这不利于城市生态环境的改善。

此外，一些研究从城市热岛效应视角切入，指出城市空间扩张和多中心集聚通过改善城市小气候循环的方式减少了城市建筑运行过程中的能源消耗，改善了能源效率。夏季城市热岛效应导致市区温度高于郊区，为了降低温度，需要消耗更多的制冷能源；冬季因为热岛效应的存在反而会减少供暖能耗。单中心城市建筑物紧密相连使得城市中心与郊区之间空气流通交换缓慢，郊区清洁凉爽的空气无法突破建筑物阻挡进入城市中心，热岛效应使得夏季城市中心温度明显高于郊区。多中心城市由于存在多个城市次级中心，其建筑物空间相对分散且不同中心之间存在一定面积的自然区域，城市内部就形成了有利于空气流通交换的通道，城区外围清凉、干净空气的流入起到了降低城市内部气温的作用。因此，相比较于单中心城市，多中心城市的热岛效应相对较弱，夏季的降温能耗也低于单中心城市，冬季则相反。但是，在我国秦岭淮河一线以北的城市均为集中供暖，有效降低了北方多中心城市热岛效应较弱所引致的取暖能耗增加。综上所述，多中心城市热岛效应的存在使得城市建筑运行所消耗的能源得以降低，在一定程度上也缓解了其对城市生态环境的负向影响。

4.3

## 城市空间扩张、区域环境规制
## 强度差异与城市生态环境

各区域环境规制强度的差异使得城市空间扩张和多中心集聚会通过影响微观主体的区位决策来影响城市生态环境。目前，我国经济增长的支撑动力依然向好，工业化和城市化快速推进的趋势也并未改变。工业化和城市化相互影响、相互促进，因而其进程也是同步的，两种因素的叠加意味着我国的能源消费需求还会上升。工业化进程中所消耗的能源也占据了城市能源消耗总量中的最大比重。工业企业又是推动工业化进程的重要组成部分。因此，工业企业与城市能源消耗之间必然存在着联系。虽然工业企业在生产过程中所消耗的各种能源要素与城市空间结构并没有直接联系，但是其所需能源要素的运输、基础设施的区位选择和建设却都受到城市空间结构的影响，且这种影响具有不确定性。基于功能分区的考虑，工业企业在多中心城市内不再集聚于城市中心，而是基于"成本—收益"的权衡搬迁至专业化的工业园区。工业企业外迁最为直接的结果便是降低了原来区域的环境污染，但也可能存在迁入地区政府为吸引企业进驻而放松环境监管，同时迁出企业也会出于降低成本考虑而忽视环境保护。不过，也有研究认为工业企业集聚会使得服务于相关企业的基础设施集中建设，产生正的外部性，有利于各企业所需的生产要素大规模集中运输，同时产业链上下游企业的聚集也可以缩短中间产品的运输距离，进而减少环境污染物的排放，改善城市环境质量。此外，工业企业集聚可以吸引大量就业人口居住以及与之配套的服务业入驻，逐渐在企业周围形成一个居住、就业和生活均衡，从而使得交通通勤能耗降低，减少了环境污染物排放。具体作用机制如图 4 - 5 所示。

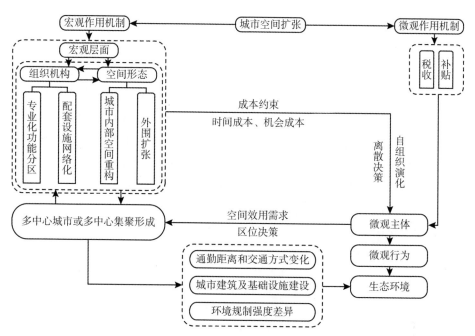

**图 4 – 5　城市空间扩张影响生态环境的作用机制**

资料来源：笔者自制。

## 4.4

# 本 章 小 结

　　城市空间扩张不仅会对城市生产效率产生影响，也会诱发生态环境问题（李强和高楠，2016）。但遗憾的是，现有研究城市空间扩张影响生态环境的文献较少，而进一步探究多中心集聚影响城市生态环境作用机制的文献则更少。本章从以下三个视角阐述了城市空间扩张和多中心集聚影响城市生态环境的作用机制。首先，城市空间扩张往往会导致公共交通设施配置的相对滞后，使得就业和工作地相距较远的居民在通勤时不得不更多地依赖私家车。通勤时间成本和机会成本的增加及出行方式的改变也意味着更多的能源消耗，客观上也增加了二氧化碳等环境污染物的排放，破坏了环境质量。其次，城市空间扩张意味着人们居住、生活和经济的活动空间得以扩大，客观上拉动了城市建设需求，这也意味着城市建筑、基础设施项目增多和城市建设施工进程的大力推进，伴随而来的是能源消耗及粉尘、烟尘等污染物排放的增加，影响城市生态环境。最后，城市空间扩张也会使得制造业企业出于租金等成本考虑迁至城市外围，远离居民集聚区。制造业外迁最为直接的影响便是原来周围居民生活环境污染的降低，但也可能存在迁入地区政府为吸引企业进驻而放松环境保护监管，同时迁出企业也会出于降低成本考虑而忽视环境保护，两种因素的叠加导致环境规制的弱化，不利于生态环境的改善。综上所述，城市空间扩张主要通过通勤时间成本和机会成本的增加和出行方式的改变、城市建设施工进程的大力推进以及环境规制的放松三个作用机制对城市生态环境产生影响。

# 第 5 章

# 中国城市空间扩张的碳排放效应

第 4 章基于多中心城市和多中心集聚理论，从交通出行时间、距离及方式的改变、城市建筑及基础设施建设、环境规制强度的差异等视角对城市空间扩张及多中心集聚影响城市生态环境的作用机制进行深入分析。目前，中国城市化水平正以平均每年 1.064% 的速度增长，加之工业化进程的快速推进，双重因素叠加导致城市碳排放压力上升。对此，本章将基于中国经验数据深入考察城市空间扩张的碳排放效应，这也是对城市空间扩张环境效应研究的丰富和有益补充。

## 5.1
## 引　言

中国城市化水平从 1978 年的 17.9%，以平均每年增长约 0.03 个百分点，上升至 2021 年的 63.89%。与此同时，能源消耗总量也由 5.71 亿吨标准煤上升至 52.4 亿吨标准煤①。中国是世界上城市空间扩张与能源消费快速增长现象并存最显著的国家（Henderson J V，1987）。与城市空间扩张相

① 中国城市化相关数据来源于中国国民经济和社会发展统计公报，增长率由笔者基于原始数据计算得到。中国能源消耗总量数据来源于《BP 世界能源统计年鉴》。

伴而来的是城市生态环境问题的日益凸显（Goldberg D，1999）。城市居民社会经济活动所排放的二氧化碳不仅使城市热岛效应更为明显，而且更容易导致城市"高温化"。正因如此，有部分学者对城市空间扩张引致的二氧化碳排放问题展开了相关研究，但尚未得出较为一致的结论（Crawford B and Christen A，2014；Burgalassi D and Luzzati T，2015）。也有一些学者开始关注北京、上海、广州和深圳等特大城市的碳排放问题。研究表明，城市空间扩张会通过增加私家车出行需求，使得城市二氧化碳排放增加（Zhang W，et al.，2014；Cao X and Yang W，2017；He J，et al.，2017）。不同于以往文献中针对中国某个特大城市所进行的个案研究，本章将通过构建改进的 STIRPAT 模型，基于 2001~2013 年中国 273 个地级市的经验数据，运用面板模型估计方法对中国城市空间扩张的二氧化碳排放效应进行实证检验。

## 5.2
# 模型构建、变量选取与数据处理

### 5.2.1 模型构建

将通过构建如下计量模型对城市空间扩张的二氧化碳排放效应进行检验：

$$\ln EM_{ct} = \alpha_0 + \beta_1 \ln sprawl_{ct} + \beta_2 \ln X_{ct} + \alpha_2 long_c + \alpha_3 lat_c + \delta_c + \lambda_t + \varepsilon_{ct} \quad (5-1)$$

式（5-1）中，$EM_{ct}$ 为 $c$ 城市 $t$ 年的二氧化碳排放量，$sprawl$ 为城市蔓延指数，$X_{ct}$ 为其他控制变量。由于采用的是 top-down 估计方法核算城市二氧化碳排放量，考虑到不同城市存在经济发展阶段、制度背景和地理环境特征的差异性，引入了城市固定效应 $\delta_i$；为控制不随着时间变化的城市地理环境特征，引入了城市经纬度 $long_c$ 和 $lat_c$。除此之外，还控制了年份效应 $\lambda_t$，$\varepsilon_{ct}$ 为随机误差项。

## 5.2.2　变量选取

1. 核心变量：城市空间扩张和二氧化碳

城市空间扩张变量的测算方法在第 3 章中已经有了较为详细的介绍，本章不再赘述。根据联合国政府间气候变化专门委员会（Intergovernmental Panel on Climate Change，IPCC）的物料衡算法无法准确估算出中国城市层面的二氧化碳排放数据。鉴于此，有学者提出根据夜间灯光亮度来测算国家、城市及网格等不同地理单元二氧化碳排放的方法（Meng L，et al.，2014；Shi K，et al.，2016；Wang M，et al.，2017）。其中，top-down 估计方法因其结果具有较高的可靠性、准确性及一致性而被广泛采用。正因如此，本章也运用该方法来测算中国城市层面的二氧化碳排放。top-down 估计方法主要包含三个步骤：首先，校准原始夜间灯光数据；其次，根据 IPCC 模型和政府的能源消耗统计数据测算省级二氧化碳排放量；最后，根据城市与省之间灯光亮度比例关系反演模拟城市二氧化碳排放量（Meng L，et al.，2014）。具体步骤如下。

第一，原始灯光数据校准。由于美国国家海洋和大气管理局（NOAA）国家地球物理数据中心（NGDC）发布的夜间灯光影像数据由多颗卫星分别拍摄得到，容易受气象条件干扰。因此，使用该数据测度经济增长、能源消耗和二氧化碳排放时，仍然需要对该数据进行必要的校准。原因主要有三点。首先是同一年份多颗卫星数据之间的可比性问题。如 1994 年和 1997 ~ 2003 年灯光影像数据由两颗卫星提供，并且同一年份两颗卫星之间的灯光亮度值差异较大（如图 5 - 1 所示）。其次是同一颗卫星不同年份数据之间的可比性问题。由于气象条件变化和卫星所搭载的业务型扫描传感器（Operational Linescan System）老化等问题，导致同一卫星在不同年份扫描的影像像元总数量（TLP）存在剧烈波动。又比如 F16 卫星在 2004 ~ 2009 年的像元总数呈先快速下降后上升又急剧下降的波动（如图 5 - 1 所示）。最后是栅格灯光亮度值"天花板"效应等问题。灯光影像像元取值范围仅在 0 ~ 63，那么像元 DN 值在一些经济发达区域可能存在饱和现象（Elvidge C D，et al.，2009），导致影像像元值不能真实地反映经济活动。由此可见，校准 NOAA - OLS 的稳定灯光影像是用其估测中国城市层面二氧化碳排放的首要前提。针对上述三个问题，借鉴埃尔维奇等（Elvidge C D et al.，2009）和刘等（Liu Z F et al.，2012）的研究方法，进行了饱和校正和相互校正、"同一年度、两颗卫星"的数据校正、影像间的连续性校正（如图5-2所示）。

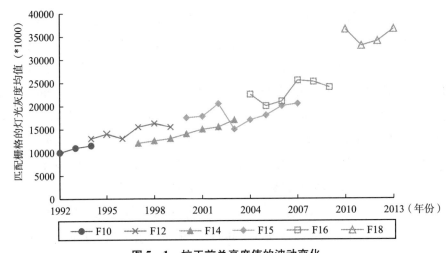

**图5-1　校正前总亮度值的波动变化**

资料来源：笔者自制。

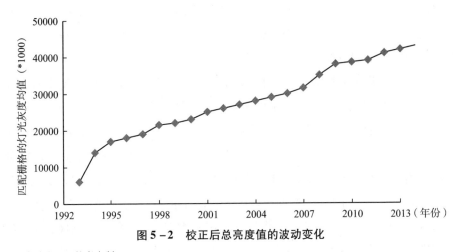

**图5-2　校正后总亮度值的波动变化**

资料来源：笔者自制。

第二，省级二氧化碳排放测算及其与灯光亮度总值之间的弹性估计。一直以来，诸多学者尝试使用 IPCC 的物料衡算法测算省际层面的二氧化碳排放量。莎娜等（Shan Y L et al.，2018）基于中国 1995 ~ 2015 年 30 个省份（不包括港、澳、台和西藏）47 个部门的能源消耗数据，运用 IPCC 方法测算了省际层面的二氧化碳排放量。省际层面的二氧化碳排放数据来源于莎娜等（2018）。鉴于夜间灯光亮度与二氧化碳排放之间存在正相关性，设定两者之间存在如下关系：

$$C_{it} = \alpha \times NTL_{it} + \beta_i + \varepsilon_{it} \tag{5-2}$$

其中，$C_{it}$ 为 $i$ 省第 $t$ 年的二氧化碳排放量，$NTL_{it}$ 为 $i$ 省第 $t$ 年的灯光总量度值，$\beta_i$ 为地区虚拟变量，$\varepsilon_{it}$ 为误差项。通过双向面板固定效应估计公式（5 - 2）得到 $\alpha$ 的估计值 $\hat{\alpha}$。进一步基于 top-down 估计方法构建式（5 - 3）所示的城市二氧化碳排放量测算模型：

$$C_c = C_i \times (\hat{C}_c / \hat{C}_i) = C_i \times [\,(\hat{\alpha} \times NTL_c + \beta_i + \varepsilon_i) / (\hat{\alpha} \times NTL_i + \beta_i + \varepsilon_i)\,]$$

$$\tag{5-3}$$

式（5 - 3）中，$C_i$ 是基于政府统计数据核算的省际二氧化碳排放量，$\hat{C}_c$ 和 $\hat{C}_i$ 分别是基于夜间灯光估算的城市及其所在省的二氧化碳排放量。基于式（5 - 2）和式（5 - 3）便可测算出中国城市层面的二氧化碳排放量。

2. 控制变量

若只考察城市空间扩张对二氧化碳排放的影响，虽然便于识别这类因素对二氧化碳排放的直接效应，但遗漏其他重要变量可能会造成估计结果的偏误。为避免上述问题，对 STIRPAT 模型进行了改进，除了保留经济发展水平、人口规模等变量之外，还将产业结构、外商直接投资、固定资产投资和气温条件等变量纳入模型中进行分析。

经济发展水平（$rpgdp$）用人均实际 GDP 来表示。由于缺乏城市层面的 GDP 平减指数，城市人均实际 GDP 用城市名义人均 GDP 除以本省 GDP 平减指数获得。为了验证经济发展水平与二氧化碳排放之间是否存在非线性的环境库兹涅茨曲线关系，在计量模型中还引入了人均实际 GDP 的二次项。城市人口规模（$pop$）用城市常住人口总量来表示。外商直接投资（$fdi$）用城市实际利用外商直接投资占城市 GDP 的比重来表示。产业结构（$industry$）用第二产业增加值占第三产业增加值的比重来表示。固定资产投资（*invest*）用城市固定资产投资总额占城市 GDP 的比重来表示。固定资产投资和第二产业比重的上升，即城市的建筑业和制造业规模的扩大意味着城市将建设更多的建筑物和更加专业化的制造业，这两者正是二氧化碳排放的重要来源。财政支出（*fis*）用城市实际财政支出占城市 GDP 的比重来表示。气温条件（*sum_temp* 和 *win_temp*）用夏季和冬季平均温度来表示。

## 5.2.3　数据来源及获取

自 2000 年以来，我国曾多次进行城市行政区域规划调整。为了保持城市蔓延指数之间的连续可比性，在 284 个城市中剔除行政区域规划面积调整超过城市总面积 5% 的 11 个城市。因此，城市样本由 284 个缩减至 273 个。2002 年，中国开始进行住房市场化改革，城市经济开发区开始涌现，城市化进程明显加快。2007 年，受中国"四万亿"经济危机救市政策影响，城市化进程快速推进。2013 年，楼市泡沫危机凸显，政府制定严格的土地制度和房地产调控措施来遏制城市空间的快速扩张。正是基于这样的背景，将样本区间选取在 2001～2013 年。社会经济指标数据来源于历年的《中国城市统计年鉴》，夏季和冬季城市平均温度根据中国国家气候中心公布的 743 个气象观测数据计算得到。各变量的描述性统计指标如表 5-1 所示。

**表 5-1**　　　　　　　　　　　**变量的统计性描述**

| 变量 | 观测值 | 均值 | 标准差 | 最小值 | 最大值 |
| --- | --- | --- | --- | --- | --- |
| $CO_2$ | 3419 | 254.326 | 260.440 | 1.662 | 267.157 |
| *sprawl* | 3419 | 0.446 | 0.090 | 0.192 | 0.758 |
| *SP* | 3419 | 0.361 | 0.130 | 0.084 | 0.877 |
| *SA* | 3419 | 0.564 | 0.040 | 0.441 | 0.782 |
| *pop* | 3419 | 166.599 | 198.810 | 5.390 | 2213.990 |
| *rpgdp* | 3419 | 19416.15 | 17774.37 | 1928.71 | 311714.2 |

续表

| 变量 | 观测值 | 均值 | 标准差 | 最小值 | 最大值 |
|---|---|---|---|---|---|
| $fdi/gdp$ | 3419 | 2.246 | 2.930 | 0.000 | 47.627 |
| $invest/gdp$ | 3419 | 0.518 | 0.240 | 0.000 | 2.1691 |
| $fis/gdp$ | 3419 | 0.126 | 0.070 | 0.0082 | 1.485 |
| $industry/gdp$ | 3419 | 0.805 | 0.390 | 0.0943 | 9.481 |
| $road/pop$ | 3419 | 8.707 | 6.340 | 0.140 | 108.370 |
| $sum\_temp$ | 3419 | 24.726 | 2.860 | 16.310 | 28.610 |
| $win\_temp$ | 3419 | 1.648 | 8.59 | −21.72 | 21.96 |

资料来源：笔者自制。

## 5.3
# 实证结果解析

### 5.3.1　基准回归结果

表 5 - 2 为全样本数据的基准回归结果。为减少城市气候、地理环境因素对回归结果的干扰，模型 1 至模型 8 均控制了经纬度、夏季和冬季平均气温等外生变量。其中，模型 1 至模型 7 为运用双向固定效应模型进行回归分析的结果。具体地，模型 1 为仅控制城市人口规模情境下的初步回归结果，可以看出，城市空间扩张变量的估计系数显著为正，即城市空间扩张对二氧化碳排放有显著正向影响。为避免遗漏变量引起的估计偏误，在模型 2 至模型 7 中逐步引入了人均实际 GDP、外商直接投资、固定资产投资、财政支出和产业结构等控制变量。此外，鉴于经济发展水平与二氧化碳排放之间可能存在非线性环境库茨涅茨曲线关系，从模型 3 开始引入人均实际 GDP 的二次项。同时，鉴于我国东部地区与中西部地区在自然地理特征、城市人口规模和经济发展水平等方面存在巨大差异，在模型 7 中还引入了东部和中西部虚拟变量。模型 1 至模型 7 的回归结果显示，城市空间扩张变量的估计系数均显著

为正，并且系数较为稳定，位于 0.811 ~ 0.876。还有学者研究指出，地区间的二氧化碳排放行为存在空间相关性（Wang L et al.，2018）。因此，在对城市空间扩张的二氧化碳排放效应进行回归分析时，还应控制其空间溢出效应。基于此，借鉴康利和莫利纳里（Conley T G and Molinari F，2007）的处理方法，运用 OLS_spatial_HAC 模型再次进行了回归分析，结果如模型 8 所示。在控制空间相关性之后，城市空间扩张变量的估计系数为 0.823，这不仅与普通最小二乘法所估计的系数十分接近，并且在 1% 水平下通过了显著性检验，意味着不同城市二氧化碳排放的空间相关性并不影响基准回归结论的成立。综合模型 1 至模型 8 的回归结果可以发现，核心解释变量城市空间扩张的估计系数均显著为正，表明中国的城市空间扩张会导致二氧化碳排放上升。城市空间的低密度快速扩张会导致城市内通勤时间和距离的增加，居民出行也会更加依赖私家车或公共汽车等现代交通工具，从而引起交通部门能源消耗的增加和二氧化碳排放量的上升。此外，城市空间的低密度扩张也意味着更多城市建筑物拔地而起，导致土壤植被遭受破坏，加剧城市热岛效应。

表 5 - 2　　　　　　　　　　　全样本的基准回归结果

| 被解释变量 | 二氧化碳 | | | | | | | |
|---|---|---|---|---|---|---|---|---|
| | 双向固定效应模型 | | | | | | | 空间相关模型 |
| | 模型 1 | 模型 2 | 模型 3 | 模型 4 | 模型 5 | 模型 6 | 模型 7 | 模型 8 |
| *sprawl* | 0.811 *** (17.024) | 0.876 *** (18.399) | 0.858 *** (18.133) | 0.838 *** (17.622) | 0.853 *** (18.059) | 0.858 *** (18.243) | 0.872 *** (18.465) | 0.823 *** (15.935) |
| *pop* | 0.664 *** (60.565) | 0.635 *** (56.249) | 0.637 *** (56.785) | 0.632 *** (56.151) | 0.644 *** (57.025) | 0.651 *** (57.617) | 0.646 *** (56.395) | 0.653 *** (51.190) |
| *rpgdp* | — | 0.132 *** (9.040) | − 1.185 *** ( − 6.297) | − 1.228 *** ( − 6.526) | − 1.532 *** ( − 8.002) | − 1.440 *** ( − 7.534) | − 1.308 *** ( − 6.664) | − 1.813 *** ( − 29.925) |
| $rpgdp^2$ | — | — | 0.068 *** (7.021) | 0.069 *** (7.163) | 0.085 *** (8.660) | 0.082 *** (8.406) | 0.076 *** (7.614) | 0.079 *** (23.075) |
| *fdi* | — | — | — | 0.011 *** (3.759) | 0.007 ** (2.405) | 0.006 * (1.932) | 0.005 * (1.791) | 0.011 *** (2.864) |

续表

| 被解释变量 | 二氧化碳 | | | | | | | 空间相关模型 |
|---|---|---|---|---|---|---|---|---|
| | 双向固定效应模型 | | | | | | | |
| | 模型 1 | 模型 2 | 模型 3 | 模型 4 | 模型 5 | 模型 6 | 模型 7 | 模型 8 |
| invest | — | — | — | — | 0.322 *** (7.226) | 0.241 *** (5.185) | 0.251 *** (5.391) | 0.615 *** (10.508) |
| fis | — | — | — | — | — | 0.895 *** (5.918) | 0.853 *** (5.616) | 0.822 *** (3.021) |
| industry | — | — | — | — | — | — | 0.061 *** (2.877) | 0.124 *** (4.270) |
| east | — | — | — | — | — | — | −0.675 *** (−3.631) | −0.202 *** (−5.301) |
| middle | — | — | — | — | — | — | 0.167 (0.979) | 0.148 *** (3.638) |
| long | −0.034 *** (−8.288) | −0.030 *** (−7.264) | −0.030 *** (−7.342) | −0.031 *** (−7.68) | −0.032 *** (−7.947) | −0.033 *** (−8.188) | −0.033 *** (−8.138) | −0.039 *** (−20.807) |
| lat | 0.022 ** (2.293) | 0.014 (1.416) | 0.017 * (1.740) | 0.019 ** (1.988) | 0.022 ** (2.293) | 0.018 * (1.945) | 0.017 * (1.752) | 0.018 *** (2.598) |
| sum_temp | 0.030 *** (4.146) | 0.034 *** (4.769) | 0.033 *** (4.756) | 0.034 *** (4.888) | 0.033 *** (4.718) | 0.036 *** (5.224) | 0.038 *** (5.388) | 0.021 *** (2.699) |
| win_temp | −0.048 *** (−6.664) | −0.054 *** (−7.659) | −0.054 *** (−7.588) | −0.054 *** (−7.601) | −0.050 *** (−7.093) | −0.052 *** (−7.401) | −0.052 *** (−7.518) | −0.030 *** (−4.066) |
| Year D | 是 | 是 | 是 | 是 | 是 | 是 | 是 | 是 |
| Province D | 是 | 是 | 是 | 是 | 是 | 是 | 是 | 是 |
| N | 3419 | 3419 | 3419 | 3419 | 3419 | 3419 | 3419 | 3419 |
| $R^2$ | 0.820 | 0.824 | 0.827 | 0.828 | 0.830 | 0.832 | 0.832 | 0.997 |

注：***、**、* 分别表示在 1%、5%、10% 水平条件下显著，括号内数据为 $t$ 值。
资料来源：笔者自制。

再观察一下控制变量。模型 1 至模型 8 中城市人口规模变量的估计系数平均值为 0.64，均显著为正，表明城市人口规模的增加会导致二氧化碳排放上升。其可能原因在于，一方面城市人口规模增加会产生巨大的能源消费需求；另一方面也会对周围环境产生巨大的影响，如森林资源的破坏、土地利用方式的改变等都会导致二氧化碳排放的增加。实际人均 GDP 的一次项系数显著为负，二次项系数显著为正，说明经济发展水平与二氧化碳排放存在着非线性的环境库兹涅茨曲线关系。外商直接投资变量的估计系数显著为正，即外资的大量流入会导致二氧化碳排放的增加。财政支出变量的估计系数显著为正，表明财政支出会对二氧化碳排放产生正向影响。1995 年中国实行财税分权改革，为保证经济增长，不同城市的市场分割日趋严重。有的地方政府为保证本地就业和经济增长，会通过财政补贴等方法使非环境友好型企业得以存活，导致资源浪费及能源效率的损失，增加了二氧化碳排放。产业结构变量的估计系数显著为正，意味着第二产业产值的增加会导致二氧化碳排放上升。第二产业多为高能耗、高污染、高排放产业，因此其比重的上升会导致二氧化碳排放的增加。

## 5.3.2　城市异质性

下面将从城市人口规模和城市规模等视角切入，进一步考察城市空间扩张对二氧化碳排放的影响（如表 5-3 所示）。观察表 5-3，模型 9 为引入城市空间扩张与城市人口规模交互项后的回归结果，可以看出，城市空间扩张变量的估计系数显著为正，但交互项的系数却显著为负，说明城市空间扩张虽然会增加二氧化碳排放，但随着城市人口规模的上升，这种影响则会减弱。可能的原因在于城市空间结构形态的变化，即随着城市人口规模的增加城市空间逐渐多中心化，而多中心化的城市可以有效缓解中国目前严重的职住分离、交通拥挤等集聚不经济现象。

表 5 – 3　　　　　　　　　　城市异质性视角下的回归结果

| 被解释变量 | 二氧化碳 | | | | | |
|---|---|---|---|---|---|---|
| | 双向固定效应模型 | | | | | |
| | 模型 9 | 模型 10 | 模型 11 | 模型 12 | 模型 13 | 模型 14 |
| *sprawl* | 1.479 *** (8.286) | − 0.889 *** ( − 3.994) | 0.912 *** (18.463) | 0.474 *** (8.051) | 0.991 *** (15.341) | 0.759 *** (11.771) |
| *pop* | 0.529 *** (15.037) | 1.294 *** (4.536) | 0.662 *** (50.123) | 0.643 *** (49.558) | 0.651 *** (40.074) | 0.646 *** (56.501) |
| *rpgdp* | − 1.311 *** ( − 6.692) | 7.026 *** (5.601) | − 1.183 *** ( − 5.677) | − 1.221 *** ( − 5.301) | − 1.473 *** ( − 4.733) | − 1.112 *** ( − 5.508) |
| $rpgdp \times rpgdp^2$ | 0.075 *** (7.560) | − 0.344 *** ( − 5.451) | 0.070 *** (6.610) | 0.072 *** (6.346) | 0.081 *** (4.976) | 0.065 *** (6.259) |
| $pop \times sprawl$ | − 0.137 *** ( − 3.526) | — | — | — | — | — |
| *proad* | — | — | — | — | — | 0.017 *** (3.829) |
| $proad \times sprawl$ | — | — | — | — | — | 0.013 ** (2.472) |
| 控制变量 | 是 | 是 | 是 | 是 | 是 | 是 |
| *Year D* | 是 | 是 | 是 | 是 | 是 | 是 |
| *Province D* | 是 | 是 | 是 | 是 | 是 | 是 |
| *N* | 3419 | 351 | 3068 | 1261 | 2158 | 3419 |
| $R^2$ | 0.833 | 0.860 | 0.815 | 0.914 | 0.790 | 0.834 |

注：***、**、*分别表示在 1%、5%、10% 水平条件下显著，括号内数据为 $t$ 值。控制变量的系数与表 5-2 完全一致，系数大小较为接近。
资料来源：笔者自制。

　　为检验城市空间扩张对二氧化碳排放的影响是否因城市规模不同而存在异质性，依据行政级别将样本划分为省会城市和一般地级市开展进一步实证检验。模型 10 的回归结果显示，省会城市的城市空间扩张变量估计系数为 − 0.889，并在 1% 水平下通过了显著性检验，表明省会城市的城市空间扩张会减缓二氧化碳排放的上升。相比较于一般地级市，省会城市在空间规模和人口规模上均较大，其多中心空间结构模式的城市空间扩张反而会导致城市二氧化碳排放的减少。模型11的回归结果显示，地级城市的城市空间扩张变量估计系数为0.912，并在1%水平下通过了显著性检验，这意味着地级市的城市空间扩张会导致二氧化碳排放的显著增加。

除此之外，还从中国经济地理板块视角考察了不同地理区域的城市空间扩张对二氧化碳排放的影响。与中西部地区相比，东部地区的经济发展水平普遍较高，城市之间的联系也更为紧密。因此，东部地区的城市空间扩张反而会促进城市群的形成与发展，如长江三角洲和珠江三角洲城市群。城市群的出现使得北京、上海、广州和深圳等特大城市的经济辐射能力得以释放，有力地推动了区域经济的分工与发展。正因如此，虽然城市空间扩张会导致二氧化碳排放的增加，但不同地理区域的城市之间还存在一定差异，即东部地区的城市空间扩张对二氧化碳排放的正向影响不如中西部地区显著。模型12的回归结果恰好也证实了上述判断，东部地区城市的城市空间扩张估计系数为0.474，并在1%水平下通过了显著性检验。

理论上来讲，城市空间扩张会导致城市居民通勤距离和出行时间的上升以及增加对机动车的依赖。从计量模型的设定来讲，可以在模型9中引入城市空间扩张与城市汽车保有量的交互项进行实证检验。但是囿于各城市汽车保有量数据的可获得性，采用城市人均道路面积作为这一指标的代理变量进行实证检验。模型14的回归结果显示城市空间扩张变量的估计系数显著为正，城市空间扩张与城市人均道路面积的交互项也显著为正，且两者均在5%置信水平下通过显著性检验，表明城市空间扩张增加了居民出行的道路需求，从而导致城市二氧化碳排放的上升。

### 5.3.3 稳健性检验

为了检验上述结论的稳健性，通过替换不同方法对所测度的城市蔓延指数进行了实证检验（如表5-4）。不同方法所测度的城市蔓延指数包括基于法拉赫等（2011）的方法所测算的城市蔓延指数（SP）、基于居住面积测算的城市蔓延指数（SA）及城市人口密度。其中，SP 和 SA 可以根据第 3 章中的式（3-2）和式（3-3）来获取。城市人口密度为城市人口与城市建成区的面积之比。观察表 5-4，模型 15 和模型 16 的回归结果显示，城市空间扩张变量的估计系数分别为 0.852 和 0.533，均在 1% 水平下通过显著性检验；模型 15 中城市空间扩张与城市人口规模交互项的估计系数显著为负；模型 16 中城市空间扩张与城市人均道路面积交互项的估计系数显著为正，与表 5-3 的结论一致。

表 5-4　　　　　　　　　城市空间扩张与二氧化碳排放的稳健性检验

| 被解释变量 | 二氧化碳 | | | | | | |
| --- | --- | --- | --- | --- | --- | --- | --- |
| | 双向固定效应模型 | | | | | | |
| | 模型 15 | 模型 16 | 模型 17 | 模型 18 | 模型 19 | 模型 20 | 模型 21 |
| *sprawl* | 0.852 *** (8.620) | 0.533 *** (15.299) | — | — | — | — | 0.118 ** (2.129) |
| *SA* | — | — | 1.368 ** (2.556) | 1.069 *** (5.890) | — | — | — |
| *density* | — | — | — | — | − 0.614 *** ( − 18.182) | − 0.654 *** ( − 20.099) | — |
| *pop × SP* | − 0.062 *** ( − 2.855) | — | — | — | — | — | — |
| *pop × SA* | — | — | − 0.331 *** ( − 2.988) | — | — | — | — |
| *pop × density* | — | — | — | — | − 0.011 *** ( − 4.782) | — | — |
| *proad × SP* | — | 0.005 ** (2.070) | — | — | — | — | — |
| *proad × SA* | — | — | — | − 0.015 ( − 0.877) | — | — | — |

续表

| 被解释变量 | 二氧化碳 | | | | | | |
|---|---|---|---|---|---|---|---|
| | 双向固定效应模型 | | | | | | |
| | 模型 15 | 模型 16 | 模型 17 | 模型 18 | 模型 19 | 模型 20 | 模型 21 |
| *proad × density* | — | — | — | — | — | −0.001 **<br>(−2.135) | — |
| 控制变量 | 是 | 是 | 是 | 是 | 是 | 是 | 是 |
| *Year D* | 是 | 是 | 是 | 是 | 是 | 是 | 是 |
| *Province D* | 是 | 是 | 是 | 是 | 是 | 是 | 是 |
| *N* | 3419 | 3419 | 3419 | 3419 | 3419 | 3419 | 3419 |
| $R^2$ | 0.840 | 0.840 | 0.817 | 0.778 | 0.838 | 0.838 | 0.7371 |

注：***、**、*分别表示在1%、5%、10%水平条件下显著，括号内数据为 $t$ 值。控制变量的系数与表5-2完全一致，系数大小较为接近。

资料来源：笔者自制。

在模型17和模型18中，以居住面积测算的城市蔓延指数变量估计系数分别为1.368和1.069，且在10%水平下通过显著性检验；城市空间扩张与城市人口交互项的系数显著为负；城市空间扩张与城市人均道路面积交互项的系数不显著为负，与表5-3的结论一致。与法拉赫等（2011）所测算的城市蔓延指数相比，城市人口密度尽管不能较好地反映城市人口分布的空间结构特征，但却与城市空间扩张有着一定的相关性，总体呈现出反向变动关系。在模型19和模型20中，城市人口密度变量的估计系数显著为负，表明城市人口密度与二氧化碳排放之间存在负相关性。综上所述，运用SP、SA和城市人口密度三种指标作为城市蔓延指数的代理变量进行估计后的回归结果表明，城市空间扩张对二氧化碳排放有着显著的正向影响，但同时这种正向影响会因城市人口规模的上升而有所减缓，上述结论具有很好的稳健性。

除此之外，还通过替换被解释变量指标，即城市二氧化碳排放数据，再次进行了实证检验。前文运用top-down估计方法对城市层面的二氧化碳排放数据进行了测算，为确保结论的稳健性，又运用欧盟联合研究中心（European Commission Joint Research Center，JRC）和荷兰环境评估机构（Planbureau voor de Leefomgeving，PBL）联合发布的全球大气研究排放数据库（EDGAR）的碳排放数据进行了经验分析。该数据库核算了包括中国在内的全球 214 个国家和地区的二氧化碳排放量，数据为 2000～2012 年 0.1°×0.1°二氧化碳的空间栅格数据。在 ArcGIS10.5 平台上，基于中国城市矢量地图对碳排放栅格数据进行了提取。观察模型 21 可以发现，在控制城市人口规模、产业结构、气候特征等条件下，城市空间扩张变量的估计系数依然显著为正，表明前文所得结论具有很好的稳健性。

## 5.4

# 本 章 小 结

目前，中国虽然已经进入经济增长的"新常态"，但工业化和城市化快速推进的趋势并未改变，这也意味着工业化和城市化双重因素叠加所引致的碳排放压力还会持续加大。同时，在以往的研究中多关注城市空间扩张的经济效应，尤其是城市空间扩张对生产率的影响，而较少关注城市空间扩张引致的生态环境效应。鉴于此，本章首先运用 DSMP/OLS 夜间灯光数据和 Landscan 全球人口动态分布数据构建了 2001～2013 年中国 273 个城市全新的城市蔓延指数，并运用 top-down 估计方法对城市层面的二氧化碳排放进行测算；然后运用双向固定效应模型实证检验了城市空间扩张对二氧化碳排放的影响，结果显示：（1）城市空间扩张会导致二氧化碳排放的增加，但随着城市人口规模的扩大这种影响则会有所减缓；（2）在考虑城市异质性的情形下，相较于省会城市，地级市的城市空间扩张会显著增加二氧化碳排放；（3）在控制遗漏变量、替换不同的城市蔓延测度指标及城市二氧化碳排放数据之后的实证检验表明，上述结论依然呈现出较好的稳健性。

基于实证分析所得出的结论，提出的建议如下。第一，针对省会等大城市，地方政府应科学合理地规划卫星城，依据功能分区构建城市次中心。此外还应完善公共交通服务体系，减少居民对私家车的依赖。针对中小城市，地方政府应对土地出让进行适当管控，避免城市空间过度扩张甚至出现"鬼城"。第二，制定并实施差异化的二氧化碳减排措施。本文的经验分析显示，虽然城市空间扩张会增加二氧化碳排放，但随着城市人口规模的扩大，这种影响会有所减缓；与省会城市相比，中小城市的城市空间扩张反而会显著增加二氧化碳排放。因此，鉴于城市异质性的存在，应该针对不同城市因地制宜实施二氧化碳减排路径措施，既要规避"向底线竞争"效应，也要防止二氧化碳排放在不同城市之间的泄漏转移。第三，依靠清洁技术实现产业结构的优化和升级。本研究的经验分析还表明，城市第二产业产值的增加不利于二氧化碳排放的减少。因此，一方面应依靠新技术培育新兴低碳产业，推动低碳产业集群的形成；另一方面还应依靠技术进步实现传统产业低碳化发展。第四，从根本上来讲，若要化解城市空间扩张的碳排放约束效应，就必须抛弃以化石燃料为基础的传统高碳发展模式，实现向依赖清洁能源的低碳发展模式转变，即经济低碳转型。

# 第 6 章

# 中国城市多中心空间结构与雾霾污染

在第 6 章中，基于上述章节构建的全新城市蔓延指数，运用 top-down 估计方法对城市层面的二氧化碳排放进行了估算；运用双向固定效应模型对城市空间扩张的二氧化碳排放效应进行了实证检验，结果显示，城市空间扩张会导致二氧化碳排放的增加，但随着城市人口规模的扩大这种影响有所减缓；在考虑城市异质性的情形下，相较于省会城市，地级市的城市空间扩张会则会显著增加二氧化碳排放。本章作为城市空间扩张生态环境效应的重要组成部分，将多中心城市空间分布通过降低运输距离的减排效应与提高企业入园质量的门槛效应来减少雾霾污染的作用机制进行深入分析，并运用规范的计量方法对这一作用机制进行实证检验，以期得到有意义的结论。

## 6.1
## 引　言

新时代中国经济发展和城市化建设取得令人瞩目的成就，我们也应看到与城市化水平持续上升相伴而来的各种环境污染问题的凸显。雾霾污染是我国城市化发展所面临的生态环境问题之一。城市雾霾污染已呈现出涉及范围广、爆发频率高、治理难度大、常态化的特征（邵帅等，2016）。雾霾污染不仅使得城市形象受损，还严重威胁着居民的日常生活和健康。政府部门也及时出台了相应的防治政策，2013 年国务院印发《大气污染防治行动计划》。环保部公布的《大气污染防治行动计划》的中期评估报告显示，2015 年中国 74 个重点城市 PM2.5 的平均浓度为 55 微克/立方米，相较于 2013 年的 72 微克/立方米下降了 23.6%。虽然我国城市空气质量有所改善，但与一些发达国家相比，我国城市雾霾污染仍较为严重。

目前，国内一些学者主要从能源结构（马丽梅和张晓，2014）、环境规制（王书斌和徐盈之，2015）、产业结构和技术水平（邵帅等，2016）、外商直接投资（施震凯等，2017）等视角对我国城市雾霾染污的成因进行了深入分析。陆铭和冯皓（2014）从空间集聚视角考察了省内城市规模差距对单位 GDP 工业污染物排放的影响，研究发现，经济活动的空间集聚有利于单位 GDP 工业污染物的降低。秦蒙等（2016）从"人地城市化"的视角，实证检验了城市空间扩张对城市雾霾污染的影响。需要指出的是，以上两篇研究均是从城市规模或城市内部空间分布视角考察其对城市内环境污染的影响。秦波和吴建峰（Qin and Wu，2015）实证分析了中国省域内部经济活动的空间布局对省域内碳排放的影响，结果发现，碳排放会随着经济活动的集中呈现出先上升后下降的倒"U"型演变趋势。但遗憾的是，这一研究并未考虑内生性问题，因而研究结论还有待进一步检验。已有文献对探究我国雾霾污染的形成机制具有重要启示，但现有研究却多忽视了中国城市空间组织结构与雾霾污染之间的关系，而这对理顺雾霾污染影响因素的复杂关系以及制定大气防治的区域协同机制至关重要。因此，从城市空间结构视角切入，深入探究我国城市雾霾污染的成因并寻找治理雾霾污染的有效路径不仅具有学理上的意义，也具有实践价值。

具体而言，城市化空间布局是指人口在区域内部不同城市之间的分布关系，本质上是区域内城市体系的规模分布状况。城市空间布局影响雾霾污染的基本路径在于城市空间布局会影响城市内部通勤以及外围城市与核心城市之间的贸易距离，而通勤时间以及城市之间距离的改变则会影响机动车的使用频率。机动车尾气已成我国大城市 PM2.5 污染物排放的主要来源之一（李勇等，2014）。具体地，当经济活动在区域中心城市高度集聚时，尤其是"摊大饼式"的城市空间扩张不仅会增加中心城市内部通勤距离，而且还会造成所有外围城市与中心城市贸易总距离的增加，导致 PM2.5 污染物上升。相反地，当经济活动在区域多中心适度集聚时，既可以有效缓解中心城市的通勤距离，降低由于通勤所产生的空气污染排放，又可以基于贸易"就近"原则，使得外围城市与其相对较近的中心城市进行贸易，从而降低由于贸易产生的空气污染物排放。基于对空间结构、运输距离和污染物排污的关系分析，本章试图回答当前我国区域城市空间组织布局与雾霾污染之间存在的因果关系。从理论研究角度来看，这一研究为空气污染成因的经济学分析提供了一种新的视角；从指导实践角度来看，探寻这一因果关系可以为我国推进生态文明建设中新型城市化道路模式的战略选择提供有益参考。

6.2

## 理论机制与研究假说

城市空间结构布局对环境污染的影响一直都是城市经济学和区域经济学研究领域的热门话题。国外一些学者的研究表明，经济活动空间分布的集聚有利于降低环境污染物的排放。这是因为经济活动在空间上的集聚会通过清洁技术扩散效应、污染治理成本的规模效应以及集聚区内资源的循环利用来减少环境污染（Krugman，1998；Ehrenfeld，2003）。随后，还有诸多学者从不同空间尺度上对集聚是否有利于降低环境污染物排放进行探讨。霍尔登和诺兰（Holden Erling and Norland Ingrid，2005）的研究表明城市空间结构的紧凑型发展有利于减少环境污染。格莱泽和卡恩（2010）的研究显示，美国高密度的城市区域比低密度的农村区域具有更低的污染物和氮氧化物排放量，这是因为城市经济活动的高度集聚可以有效缩短城市居民的通勤距离，从而减少环境污染。秦蒙等（2016）的研究考虑了中国城市内部空间结构，即城市空间扩张对雾霾污染的影响，结果发现，城市空间扩张不但增加了居民的住房需求，同时还导致居民通勤距离变长，加剧雾霾污染。

此外，还有部分学者从更大的空间范围探讨了经济活动的空间集聚对环境污染物排放的影响，并认为二者之间存在非线性关系。李筱乐（2014）的研究表明，工业集聚与环境污染排放之间存在显著的倒"U"型关系。秦波和吴建峰（2015）以城市首位度作为经济活动在省际空间集聚的代理变量，考察了其对碳排放的影响，结果发现，二者之间存在显著的倒"U"型关系。但也有一些研究表明，经济活动的空间集聚对环境污染存在线性的正向影响。维尔卡宁（Virkanen Juhani，1998）针对芬兰的实证研究表明，经济活动的空间集聚不但没有缓解环境污染，反而会加剧环境污染。韦尔霍夫和尼坎普（Verhoef E T and Nijkamp Peter，2002）基于欧洲的数据也得出了类似的结论，即经济活动的空间集聚会加剧环境污染。国内一些学者运用中国经验数据进行实证研究后也得出了与之相一致的结论。刘军等（2016）的研究发现，中国产业集聚会导致环境污染加剧。王兵和聂欣（2016）则采用微观企业数据实证分析了开发区设立引致的产业集聚对周围水污染的影响，结果显示，产业集聚会产生严重的水污染。通过对国内外文献的梳理可以发现，针对经济活动的空间集聚究竟会对环境污染产生何种影响，现有研究尚未得出一致结论。

由此引发的问题是经济活动的多中心空间结构究竟会对雾霾污染产生何种影响？本章将从"市场失灵"、企业环境产权模糊、城市自身环境承载力以及环境自治能力等角度切入，尝试解析经济活动的多中心空间布局影响雾霾污染的作用机制。理论上来讲，经济活动的空间集聚是减少还是增加环境污染排放，主要取决于经济活动空间集聚正、负外部性之间的大小。当集聚的环境正外部性大于负外部性时，经济活动的空间集聚则会减少环境污染物排放；当集聚的环境正外部性小于负外部性时，经济活动的分散化则会减少环境污染。但经济活动空间集聚的环境正外部性的有效发挥需要满足一定的前提条件，即政府排污监管机制的严格执行以及企业环境产权的清晰界定。除此之外，区域自身的环境承载能力及环境自净能力也会成为影响环境污染的因素。基于此，为厘清经济活动的空间布局影响雾霾污染的作用机制，将城市雾霾污染来源界定为以下三个部分，即城市内部居民通勤所产生的交通排放、城市之间产品运输所产生的贸易排放和工业活动所造成的生产排放。在此基础上，将在城市自身环境承载力以及环境自净能力等的约束下，实证分析不同经济活动空间布局对雾霾污染的影响。

　　具体而言，经济活动过度集中于单中心城市时可能会导致雾霾污染加剧。这是因为地方政府在考虑居民诉求的前提下通过加大环境污染监管力度来提升环境质量。但是，如果企业环境产权没有清晰界定，那么在"市场失灵"情况下，经济活动向单个中心城市过度集聚也可能导致企业扎堆排放环境污染物。而当单中心城市环境承载力以及环境自净能力阈值被突破时，这种扎堆循序排放便会加剧单中心城市的雾霾污染。经济活动过度集中于单个中心城市，还会造成单中心城市居民通勤距离增加，导致居民出行更加依赖私家车，进而引致更严重的雾霾污染。此外，当经济活动过度集中于单中心城市时，还会导致其他外围城市与其产生区域贸易，进而产生污染排放。

　　经济活动的过度分散也可能导致雾霾污染加剧。一般而言，经济活动的过度分散会使城市内部各区域具有较好的环境承载力以及环境自净能力，也会降低因通勤距离变化以及区域贸易产生的雾霾污染，但是这种分散化的空间结构布局并不能有效降低因工业集聚所产生的雾霾污染。也有研究表明，我国多数工业园区均或多或少存在一定的环境污染，较为严重的地区多为县级及以下的工业园区（王兵和聂欣，2016）。另外，企业环境产权界定模糊在经济活动比较分散的地区可能更为严重，从而产生更多的污染排放。

　　经济活动的多中心空间结构布局对雾霾污染的影响可能有别于以上两种情形。经济活动的多中心分布并不能有效改善因企业环境产权界定模糊所产生的雾霾污染，但多中心空间结构可以通过以下途径来缓解雾霾污染。第一，各中心城市的有效竞争会通过改善产业布局来提升工业园区企业进入质量，进而缓解雾霾污染。省域内部多中心城市的形成使得区域内部资源在各中心城市得到合理分配，进而使得各中心城市为获得本省支持开展良性竞争，并通过产业升级尤其是清洁技术产业升级以及吸引高科技企业来提升各自竞争力，而高科技企业本身就具有较高的清洁技术，从而起到缓解雾霾污染的作用。第二，多中心城市空间结构使各大城市拥有适度的通勤范围，有效降低当地私家车使用频率，缓解因通勤所带来的雾霾污染。第三，多中心城市空间结构可以使外围城市就近进行区域贸易，缩小区域内外围城市到核心城市的距离，减少由于区域贸易产生的雾霾污染。第四，多中心城市空间结构所产生的污染可能会被其自身较好的环境自净能力所稀释，进而缓解雾霾污染。多中心城市空间结构可以使各地区的环境承载力处于适度区间，从而有效发挥中心城市的环境自净能力，降低雾霾污染。

## 6.3
## 模型构建及变量选取

本章主要解决的问题是经济活动的多中心城市空间布局结构对雾霾污染的影响。基于此，在 STIRPAT 模型的基础上，借鉴秦波和吴建峰（2015）的研究思路引入多中心空间结构变量，构建了如下计量回归模型：

$$\ln PM2.5_{it} = C + \alpha \ln q_{it} + \gamma_1 \ln pop_{it} + \gamma_2 \ln A_{it} + \gamma_3 \ln T_{it} + \beta X_{it} + u_i + v_t + \varepsilon_{it}$$

$$(6-1)$$

在式（6-1）中，$PM2.5_{it}$ 为 $i$ 省在每三个连续年度内细微颗粒物的地表浓度均值，表示城市雾霾污染；$q_{it}$ 代表 $i$ 省在 $t$ 时期的多中心城市人口规模；$A_{it}$ 为 $i$ 省 $t$ 时期的人均财富水平；$T_{it}$ 为 $i$ 省在 $t$ 时期的技术水平；$X_{it}$ 为其他控制变量，具体包括产业结构 $Sec_{it}$、能源结构 $Es_{it}$、对外开放水平 $Pfdi_{it}$ 以及基础设施水平 $Road_{it}$。大量研究已证实，产业结构、能源结构、对外开放水平以及基础设施水平是影响雾霾污染的重要因素（马丽梅和张晓，2014；许和连和邓玉萍，2012；李勇等，2014）。$u_i$，$v_t$，$\varepsilon_{it}$ 分别表示省份固定效应、时间固定效应以及随机误差项。由于主要关注的是多中心空间结构对 PM2.5 的影响，因此，$\alpha$ 是最为关注的参数，基于前文的阐述，预测其为负。

### 6.3.1　核心变量

关于 PM2.5 数据的获取，基于美国哥伦比亚大学社会数据与应用中心所提供的全球 PM2.5 地表浓度均值，通过 ArcGIS 软件将其与中国各省级行政区的矢量图相结合，提取得到每个省份在每个年度的 PM2.5 浓度值。多中心空间指数通常使用 GDP 以及人口的分布来度量。陆铭和冯皓（2014）主要采用省域内部各城市非农人口的差距来度量经济活动在省域内部的分布状况。本章主要借鉴刘修岩等（2017）的方法，采用校准后的 DSMP/OLS 夜间灯光数据作为多中心空间指数的代理变量。夜间灯光数据可以有效避免因常住人口统计不精确以及快速行政化过程中行政区划调整所造成的不同年份数据的不可比问题。此外，同样借鉴刘修岩等（2017）的研究方法，通过城市规模分布的帕累托指数、逆首位度以及调整的赫芬达尔指数的倒数来测度省域"空间形态"的多中心结构。其中，帕累托指数法则基于如下回归等式：

$$\ln R_i = C - q \ln P_i + \varepsilon_i \qquad (6-2)$$

在式（6-2）中，$P_i$ 是第 $i$ 位城市的夜间灯光亮度总值，$C$ 为常数，$R_i$ 代表城市 $i$ 的夜间灯光亮度总值在省域内的排序，$\varepsilon_i$ 为误差项。在进行测算时，遵循梅杰和伯格（Meijers E J and Burger M J，2010）的方法，将省域内排名前二位、前三位以及前四位的城市分别按照式（6-2）进行回归，将这三个回归得到的多中心指数 $q$ 取平均值便可以得到省域内的多中心指数。这样做的好处是计算所得的多中心指数在时间和空间维度上均具有较好的可比性。为了更为直观地进行说明，运用该式进行回归所得到的系数绘制了省域层面的"空间形态"多中心图。图 6-1 中的横轴表示人口规模的对数，纵轴表示对应人口规模在省域内排序的对数，实心三角表示为省份 1，实心圆点表示为省份 2，实线是基于省份 1 对式（6-2）进行回归所得到的拟合线，虚线是基于省份 2 对式（6-2）进行回归得到的拟合线。从图 6-1 可以看出，同样是四个点，实心圆点则比三角点分布更加集中，表明省份 2 中排名靠前的城市规模相差不大，即虚线较实线具有较高的斜率，表明省份 2 内部的城市更加表现为"形态"上的多中心。此外，除了用城市规模分布的帕累托指数来测度一个省域的"形态"多中心外，逆首位度和调整的赫芬达尔指数的倒数同样也可以用来大体反映省域内部城市在空间上分布的多中心程度。具体而言，逆首位度指数 poly 是由 1 减去首位城市规模占比得到；调整的赫芬达尔指数的倒数 $h$ 则需要先运用马尔胡比（Al - Marhubi Fahim，2000）的方法计算各省份调整的赫芬达尔指数，该指数表示的是省域内经济活动空间集中程度；然后再用 1 除以该指数，就可以得到反映经济活动在省域内分布的多中心化程度指数。需要指出的是，本章剔除了北京、上海、天津以及重庆四个直辖市的数据。此外，由于西藏、青海、新疆、海南数据缺失，也将其剔除。

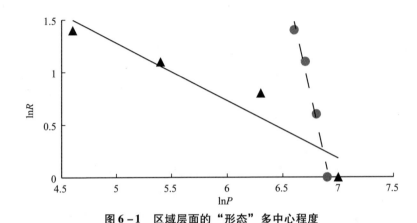

图 6 - 1　区域层面的"形态"多中心程度

资料来源：根据美国哥伦比亚大学社会数据与应用中心发布的相关资料数据整理绘制。

### 6.3.2　控制变量

人均财富水平 A，用省份人均 GDP（$lnpgdp$）作为人均财富变量的替代指标。技术进步 $tech$，参考邵帅等（2016）的做法，分别用研发强度 $rd$ 和能源效率 $eff$ 作为技术水平的替代变量。其中，研发强度 $rd$ 由研发从业人员占从业人员总数来获得，$eff$ 则由单位能源消耗的 GDP 来表示。产业结构 $sec$ 用第二产业增加值占 GDP 的比重来衡量；能源结构 $es$ 用煤炭消费占能源消费总量的比重来衡量；对外开放水平 $pfdi$ 用外商直接投资占当年 GDP 的比重来衡量；基础设施水平 $road$ 用单位面积百公里里程来衡量。以上社会经济指标数据均来源于历年的《中国科技统计年鉴》《中国统计年鉴》和《中国能源统计年鉴》。需要说明的是，为了将省域层面的面板数据与 PM2.5 浓度值相匹配，样本区间为 2001~2011 年。各变量的描述统计如表 6 - 1 所示。

表 6 - 1　　　　　　　　　　　各变量的描述性统计

| 变量 | 观测值 | 均值 | 标准差 | 最小值 | 最大值 |
|---|---|---|---|---|---|
| $\ln PM2.5$ | 253 | 5.984 | 0.784 | 4.338 | 7.335 |
| $\ln q$ | 253 | 0.127 | 0.442 | -0.575 | 1.318 |
| $\ln poly$ | 253 | -0.265 | 0.176 | -0.782 | -0.019 |
| $\ln h$ | 253 | -0.144 | 0.095 | -0.406 | -0.034 |
| $\ln pop$ | 253 | 8.808 | 0.936 | 5.821 | 10.882 |
| $\ln pgdp$ | 253 | 9.574 | 0.635 | 7.995 | 10.973 |
| $rd$ | 253 | 0.063 | 0.031 | 0.019 | 0.285 |
| $eff$ | 251 | 0.677 | 0.317 | 0.131 | 1.495 |
| $sec$ | 253 | 0.476 | 0.059 | 0.336 | 0.590 |
| $es$ | 251 | 1.052 | 0.309 | 0.554 | 2.119 |
| $pfdi$ | 253 | 0.352 | 0.296 | 0.061 | 1.525 |
| $road$ | 253 | 0.575 | 0.356 | 0.060 | 1.484 |

资料来源：笔者自制。

## 6.4

# 实证结果及解析

## 6.4.1　基准回归结果

分别运用混合截面模型以及双向固定效应面板模型，对多中心空间结构影响 PM2.5 的作用机制进行实证检验。观察表 6 - 2，模型 1 为未引入控制变量，运用混合截面 OLS 模型进行估计的结果，可以看出，多中心变量的估计系数显著为负。模型 2 为未引入控制变量，运用双向固定效应面板模型进行回归估计的结果，可以发现，多中心变量的估计系数依然显著为负。模型 3 引入人口规模、人均 GDP 以及产业结构等控制变量下的回归结果，多中心空间指数变量的估计系数依旧为负。模型 4 为在秦波和吴建峰（2015）的研究基础上，引入多中心空间指数二次项的回归结果，可以发现，多中心空间指数变量一次项的估计系数显著为负，二次项的估计系数则并不显著，说明多中心空间结构与 PM2.5 之间并不存在非线性关系。模型 5 是基于邵帅等（2016）的研究，引入更多控制变量进行回归所得到的估计结果。模型 4 和模型 5 的结果表明，在样本时期内，多中心空间结构对雾霾污染的影响并未呈现出倒"U"型或"U"型的非线性关系。综合模型 1～模型 5 的基准回归结果来看，不论是混合截面的估计结果还是双向固定效应模型的估计结果，或者是在尽可能考虑其他影响 PM2.5 控制变量情境下的估计结果，多中心变量的估计系数均在 1%～5%的水平下显著，且系数值在 -0.293～-0.212，意味着省域内部多中心指数每增加 1%，PM2.5 将会降低 0.212%～0.293%。基准回归的结果恰好证实了前文的假说，这一结论与王兵和聂欣（2016）基于微观企业数据所得到的结论类似，其研究结果表明，产业集聚并未产生有效的减排效果，反而造成了周围地区水污染的加重。

表 6 - 2　　　　　　　　全样本基准回归结果

| 变量 | 混合回归模型 模型 1 | 固定效应 模型 2 | 固定效应 模型 3 | 固定效应 模型 4 | 固定效应 模型 5 |
|---|---|---|---|---|---|
| $\ln q$ | -0.228*** (0.072) | -0.228*** (0.062) | -0.212*** (0.065) | -0.293*** (0.103) | -0.244** (0.098) |
| $\ln q^2$ | — | — | | 0.076 (0.075) | 0.118 (0.074) |
| $\ln pop$ | — | — | -0.548*** (0.181) | -0.514*** (0.184) | -0.611*** (0.188) |
| $\ln gdp$ | — | — | 0.361** (0.170) | 0.326* (0.173) | 0.477** (0.185) |
| $rd$ | — | — | — | — | 1.003*** (0.234) |
| $eff$ | — | — | — | — | 0.043 (0.054) |

续表

| 变量 | 混合回归模型 | 固定效应 | 固定效应 | 固定效应 | 固定效应 |
|---|---|---|---|---|---|
| | 模型 1 | 模型 2 | 模型 3 | 模型 4 | 模型 5 |
| *sec* | — | — | 0.428 **<br>(0.213) | 0.445 **<br>(0.214) | 0.538 ***<br>(0.200) |
| *es* | — | — | — | — | 0.055<br>(0.048) |
| *pfdi* | — | — | — | — | − 0.084 *<br>(0.047) |
| *road* | — | — | — | — | − 0.035<br>(0.032) |
| *Cons* | 6.349 ***<br>(0.035) | 5.834 ***<br>(0.016) | 6.849 ***<br>(0.643) | 6.878 ***<br>(0.643) | 6.133 ***<br>(0.613) |
| 年份效应 | 是 | 是 | 是 | 是 | 是 |
| 省份效应 | 是 | 是 | 是 | 是 | 是 |
| $R^2$ | 0.9939 | 0.6921 | 0.7076 | 0.7090 | 0.7812 |
| 观测值 | 253 | 253 | 253 | 253 | 251 |

注：*** 、 ** 、 * 分别表示在1%、5%、10%水平条件下显著，括号内为标准差。
资料来源：笔者自制。

　　下面再来观察一下控制变量。总体而言，控制变量的回归结果也基本符合预期。实际人均GDP变量的估计系数为正，且在5% ~10%水平下通过显著性检验，表明随着中国人均收入水平的提升，雾霾污染也有所加剧。反映技术进步的研发强度 *rd* 和能源效率 *eff* 变量的估计系数均为正，并且研发强度 *rd* 在1%水平下通过显著性检验，与邵帅等（2016）所得出的研究结论较为一致。其合理的解释可能在于，我国研发投入在21世纪初的前10年被更多地用于生产技术的提升而非绿色技术的提升。产业结构变量的估计系数为正，并且在1% ~5%水平下通过显著性检验，意味着中国粗放型的工业发展模式是造成中国雾霾污染的重要原因。能源结构变量的估计系数虽然为正，但并不显著。一般而言，煤炭消费比重的提高会加重一个地区的雾霾污染，其可能原因在于测量误差。对外开放水平变量的估计系数为负，并且在10%的水平下通过显著性检验。中国对外开放在吸引大量外资流入的同时，外资的技术外溢效应尤其绿色技术溢出效应有效地降低了PM2.5等环境污染物排放。交通运输变量的估计系数为负，与预期一致但并未通过显著性检验。已有研究表明，交通运输是影响PM2.5的重要因素。李勇等（2014）的研究显示，在上海、北京和天津由机动车所造成的PM2.5排放分别占总污染物排放的22%、25%以及16%。可见，交通基础设施改善是降低雾霾污染的重要手段。人口规模变量的估计系数为负，且均在1%水平下通过显著性检验的原因在于，本章采用了人口规模而非人口密度作为经济活动集聚的代理变量，且人口规模具有较强的内生性。秦波和吴建峰（2015）研究省域碳排放问题时，在控制省域空间结构的情境下，同样发现人口规模对碳排放并不显著。

## 6.4.2 内生性检验

尽管在前文分析中，运用固定效应面板模型来控制一些不随时间变化且不可观察的变量，该处理方法可以在一定程度上缓解遗漏变量问题，但其他随时间变化的遗漏变量以及解释变量与扰动项可能存在相关性，即解释变量与被解释变量互为因果的内生性问题依然没有得到有效解决。事实上，经济活动在省域内的分布模式本身就可能存在内生性，这是因为PM2.5也是导致经济活动空间分布模式产生差异的原因。新经济地理学认为，经济活动的空间分布模式取决于集聚经济与集聚不经济二者的权衡，而PM2.5则是集聚不经济的重要表现之一。当集聚经济占据主导地位时，PM2.5便会引起经济活动在区域上的分散化分布，从而可能出现多中心分布模式。因此，PM2.5和多中心指数之间可能存在反向因果关系。这种反向因果关系的简单逻辑链条如下：PM2.5→劳动力与企业的区位选择→经济活动的分散化分布→多中心分布结构。由此可见，如果不考虑这种反向因果关系，其后果便可能是估计结果被低估。鉴于此，将用工具变量法来识别多中心空间结构与PM2.5之间的双向因果关系。

借鉴刘修岩等（2017）的研究方法，运用河流密度与汇率倒数的乘积作为多中心空间结构的工具变量。他们的思路是用一个不随时间变化的地理特征乘以外生宏观冲击的方式来构造工具变量，这种构造工具变量的方式具有一定的合理性。从多中心指数的测度来看，其实质是测度人口或经济活动在各城市之间的规模分布。在城市经济学的文献中，通常强调"第一自然"的重要性，即自然地理禀赋是解释人口以及经济活动空间分布的重要原因（Davis and Weistein，2002；Bleakley and Lin，2012；Bosker and Buringh，2017）。还有研究指出，汇率冲击也是影响经济活动空间布局的重要外生原因（Davis and Weistein，2002）。河流密度的数据根据国家地理中心提供的 1∶400 万主要河流矢量分布图提取获得。

观察表 6 - 3，模型 6 和模型 7 是以不随时间变化的河流密度的规模分布作为工具变量，运用两阶段最小二乘法（2SLS）进行估计的回归结果；模型 8 和模型 9 是以河流密度分布乘以汇率倒数作为工具变量，运用面板数据工具变量固定效应模型（IV - FE）进行估计的回归结果。首先，从模型 6 和模型 8 的回归结果来看，不论是以不随时间变化的河流密度的规模分布还是以不随时间变化的河流密度分布乘以汇率倒数作为工具变量，第一阶段的回归结果均显示本章所选取的工具变量与多中心指数存在较强的相关性。其中，以河流密度的规模分布作为工具变量的第一阶段 $F$ 值为 15.25，意味着并不存在较为明显的弱工具变量问题。以河流密度分布乘以汇率倒数的工具变量的第一阶段 $F$ 值仅为 6.37，意味着可能存在弱工具变量问题，但由于样本并不大，因此该结果可以接受。其次，从整体来看，不论是以不随时间变化的河流密度的规模分布作为工具变量，还是用随时间变化的河流密度分布乘以汇率倒数作为工具变量，工具变量法的回归结果均显示多中心布局与 PM2.5 所表示的雾霾污染之间均存在显著负向关系，其系数在 - 2.667 ～ - 1.461，表明在考虑多中心指数可能存在内生性的情形下，多中心指数每增加 1%，PM2.5 将下降 1.46% ～2.67%。这一回归系数是前文不考虑内生性进行回归所得到系数的 5～10 倍，也从侧面证明了前文对于多中心指数存在内生性问题导致参数被低估的判断。

表 6 – 3 工具变量法的基准回归结果

| 变量 | 两阶段最小二乘法 | | 工具变量固定效应模型 | |
|---|---|---|---|---|
| | 一阶段 | 二阶段 | 一阶段 | 二阶段 |
| | 模型 6 | 模型 7 | 模型 8 | 模型 9 |
| 河流密度的规模分布 | 0.219***<br>(0.040) | — | — | — |
| 河流密度分布乘以汇率倒数 | — | — | 0.450***<br>(0.157) | — |
| $\ln q$ | — | -1.461***<br>(0.301) | — | -2.667***<br>(0.923) |
| 控制变量 | 是 | 是 | 是 | 是 |
| 年份效应 | 是 | 是 | 是 | 是 |
| 省份效应 | 是 | 是 | 是 | 是 |
| 第一阶段 F 统计值 | 15.25 | — | 6.37 | — |
| 观测值 | 251 | 251 | 251 | 251 |

注：***、**、*分别表示在1%、5%、10%水平条件下显著，括号内为标准差。
资料来源：笔者自制。

## 6.4.3 稳健性检验

本章将进一步对上文所得到的基准结果进行一系列的检验，以确保结论的稳健性。具体而言，主要从以下几个方面来进行稳健性检验：第一，替换多中心测度指标方法的稳健性检验，即用逆首位度指数 poly 以及调整的赫芬达尔指数的倒数 h 作为多中心指数 q 的替代指标；第二，考虑被解释变量 PM2.5 时滞效应的稳健性检验，即运用动态面板数据模型对基准回归结果进行稳健性检验；第三，考虑不同地区的异质性影响，即将样本分为东、中、西三大区域进行实证分析；第四，考虑空间溢出效应的稳健性检验，即运用空间动态面板数据模型捕捉多中心空间结构对 PM2.5 的影响。现有研究表明，中国的 PM2.5 污染具有较为典型的空间溢出效应（邵帅等，2016）。除此之外，还区分了冬季非供暖区域和供暖区域，且将研究视角聚焦于南方非供暖区域。这样处理的优点在于可以更纯粹地捕捉多中心空间结构对 PM2.5 污染的影响。

**1. 替换被解释变量以及考虑时间滞后效应**

表 6 - 4 为替换多中心指数以及考虑雾霾污染时间滞后效应的回归结果。模型 10 至模型 13 以逆首位度指数 $poly$ 以及调整的赫芬达尔指数的倒数 $h$ 作为多中心指标的替代变量重新进行估计后的回归结果。模型 14 和模型 15 分别为运用差分广义矩估计模型方法（DIF - GMM）和系统广义矩估计模型方法（SYS - GMM）在考虑雾霾污染时间滞后效应后的回归结果。观察模型 10 和模型 12 可以发现，在替换多中心的测度指标之后，替代变量的估计系数依然为负，并在 1% 的水平下通过显著性检验，表明替换多中心测度指标之后，结论依然具有较好的稳健性，即经济活动的多中心空间结构会有效降低雾霾污染。除此之外，还检验了多中心结构对雾霾污染的非线性影响。观察模型 11 和模型 13 可以看出，不论是以逆首位度指数 $poly$ 还是调整的赫芬达尔指数的倒数 $h$ 作为多中心指标的替代变量，其一次项和二次项系数均为负，并在 1% 的水平下通过显著性检验，表明在样本时期内，多中心空间结构与雾霾污染之间并不存在非线性关系。

表 6 - 4    替换解释变量以及考虑时间滞后效应的回归结果

| 变量 | 工具变量固定效应模型 | 工具变量固定效应模型 | 工具变量固定效应模型 | 工具变量固定效应模型 | 差分广义矩估计模型 | 系统广义矩估计模型 |
|---|---|---|---|---|---|---|
| | 模型 10 | 模型 11 | 模型 12 | 模型 13 | 模型 14 | 模型 15 |
| $\ln q$ | — | — | — | — | - 0. 242 *** (0. 048) | - 0. 026 * (0. 013) |
| $\ln poly$ | - 12. 822 *** (4. 020) | - 23. 041 *** (7. 177) | — | — | — | — |
| $\ln poly^2$ | — | - 13. 824 * (7. 334) | — | — | — | — |
| $\ln h$ | — | — | - 20. 071 *** (7. 446) | - 26. 553 *** (7. 246) | — | — |

续表

| 变量 | 工具变量固定效应模型 | 工具变量固定效应模型 | 工具变量固定效应模型 | 工具变量固定效应模型 | 差分广义矩估计模型 | 系统广义矩估计模型 |
|---|---|---|---|---|---|---|
| | 模型 10 | 模型 11 | 模型 12 | 模型 13 | 模型 14 | 模型 15 |
| $\ln h^2$ | — | — | — | $-28.455^{***}$ (10.284) | — | — |
| $\ln pop$ | 0.391 (0.280) | 0.423 (0.263) | 0.305 (0.325) | 0.385 (0.255) | 0.103 (0.065) | $0.033^{*}$ (0.019) |
| $\ln gdp$ | 0.173 (0.321) | 0.155 (0.300) | 0.510 (0.416) | 0.324 (0.311) | $-0.060$ (0.057) | $-0.072^{**}$ (0.031) |
| $sec$ | $-0.210$ (0.509) | 0.218 (0.508) | $-0.747$ (0.721) | 0.193 (0.551) | $0.442^{***}$ (0.156) | 0.068 (0.150) |
| $pfdi$ | 0.195 (0.112) | $0.258^{**}$ (0.113) | 0.184 (0.137) | 0.153 (0.104) | $0.084^{***}$ (0.028) | $0.082^{***}$ (0.019) |
| $road$ | $-0.227^{*}$ (0.125) | $-0.193^{*}$ (0.115) | $-0.466^{**}$ (0.232) | $-0.362^{**}$ (0.165) | $0.121^{***}$ (0.013) | $-0.021$ (0.017) |
| $es$ | $0.425^{*}$ (0.175) | $0.356^{**}$ (0.162) | $0.459^{**}$ (0.225) | $0.340^{**}$ (0.163) | $0.137^{***}$ (0.026) | 0.007 (0.014) |
| $rd$ | $-1.238$ (0.763) | $-0.279$ (0.824) | $-1.782^{*}$ (1.026) | $-0.279$ (0.787) | $-0.562$ (0.606) | $-0.610$ (0.457) |
| $eff$ | $0.486^{***}$ (0.160) | $0.523^{***}$ (0.153) | $0.477^{**}$ (0.191) | $0.501^{***}$ (0.151) | $0.273^{***}$ (0.032) | $0.028^{*}$ (0.015) |
| $stemp$ | — | — | — | — | — | $0.009^{*}$ (0.005) |
| $wtemp$ | — | — | — | — | — | $-0.003^{**}$ (0.001) |
| $\ln pm2.5_{t-1}$ | — | — | — | — | $0.435^{***}$ (0.036) | $0.978^{***}$ (0.030) |
| 年份效应 | 是 | 是 | 是 | 是 | 是 | 是 |
| 省份效应 | 是 | 是 | 是 | 是 | 是 | 是 |

| 变量 | 工具变量固定效应模型 | 工具变量固定效应模型 | 工具变量固定效应模型 | 工具变量固定效应模型 | 差分广义矩估计模型 | 系统广义矩估计模型 |
|---|---|---|---|---|---|---|
| | 模型 10 | 模型 11 | 模型 12 | 模型 13 | 模型 14 | 模型 15 |
| 观测值 | 251 | 251 | 251 | 251 | 206 | 229 |
| AR（1） | — | — | — | — | 0.099 | 0.002 |
| AR（2） | — | — | — | — | 0.113 | 0.315 |
| Hansen Test | — | — | — | — | 0.662 | 0.910 |

注：***、**、*分别表示在1%、5%、10%水平条件下显著，括号内为标准差。
资料来源：笔者自制。

观察模型 14 和模型 15 可以发现，考虑时间滞后效应的动态面板回归结果显示，时间滞后项 $\ln pm2.5_{t-1}$ 变量的估计系数显著为正，表明雾霾污染存在一定程度的时间滞后效应。但所关注的多中心指标变量估计系数依然显著为负，意味着所得到的多中心空间结构有利于降低雾霾污染的结论具有很好的稳健性。此外，在模型 15 中还控制了影响雾霾污染的冬季平均气温和夏季平均气温。考虑夏冬两季平均气温的原因在于现有研究通常将气温视作影响雾霾污染的重要因素。一般而言，过高的夏季平均气温以及过低的冬季平均气温都会增加雾霾污染。过高的夏季平均气温会增加一个地区空调等制冷设备的使用频率，而过低的冬季气温则需要集中供暖，二者都导致雾霾污染加剧。气温数据由国家气候中心提供的 743 个常规站点的气象观测数据计算获取，但只提供了每个城市夏冬两季的平均气温，而本章视角为省域层面，因此用省域内各城市夏冬两季气温均值作为该省夏冬两季平均气温的替代变量。在模型 15 中，夏季平均气温变量的估计系数为正，并且在 10% 的水平下通过显著性检验，而冬季平均气温变量的估计系数为负，且在 5% 的水平下通过显著性检验，与预期判断一致。此外，Arellano - Bond 以及 Hansen 检验的结果表明动态面板数据滞后一期的设定以及工具变量的选择是合理的。

2. 考虑区域异质性以及南方非供暖城市

在考察中国多中心空间结构对雾霾污染的影响时，还应考虑因不同区域内部异质性所产生的差异性影响。鉴于此，依据经济发展水平的不同将样本划分为传统的东、中、西部地区，并考察多中心空间结构对不同区域雾霾污染的异质性影响。表6-5中模型16至模型18分别为东、中、西部地区的回归结果，可以看出，东部和中部区域内部多中心变量指标的估计系数均显著为负，即中部和东部地区的多中心空间结构有利于雾霾污染的降低。西部地区多中心变量的估计系数尽管为负，但并不显著，其可能的原因在于西部地区内部的雾霾污染本身并不严重。值得注意的是，中部区域控制变量的估计系数、符号与基准结果大体一致，但东部区域大部分控制变量都变得并不显著，仅有表示技术进步的研发强度 rd 以及能源效率 eff 通过显著性检验。此外，与前文基准回归结果有所不同的是，东部地区研发强度变量的估计系数变成显著为负。

表6-5                     考虑地区异质性的稳健性检验

| 变量 | 东部 | 中部 | 西部 | 南方非供暖区域 |
|---|---|---|---|---|
| | 工具变量固定效应模型 | 工具变量固定效应模型 | 工具变量固定效应模型 | 工具变量固定效应模型 |
| | 模型16 | 模型17 | 模型18 | 模型19 |
| $\ln q$ | -1.927 *<br>(1.102) | -2.158 **<br>(1.016) | -36.691<br>(166.723) | -3.090 **<br>(1.376) |
| $\ln pop$ | 0.105<br>(0.554) | -0.318<br>(0.380) | -2.912<br>(16.884) | -0.456<br>(0.568) |
| $\ln gdp$ | 0.271<br>(0.685) | 0.617<br>(0.392) | 5.790<br>(29.526) | 0.919<br>(0.692) |
| $sec$ | -4.867<br>(3.774) | 1.444 **<br>(0.696) | 11.101<br>(47.133) | 0.106<br>(0.790) |
| $pfdi$ | 0.583<br>(0.394) | 0.204<br>(0.204) | -16.500<br>(76.297) | 1.124 **<br>(0.533) |
| $road$ | 0.031<br>(0.168) | -0.191<br>(0.117) | -9.438<br>(45.446) | 0.097<br>(0.143) |
| $es$ | -0.120<br>(0.322) | 0.434 ***<br>(0.162) | 0.933<br>(4.474) | -0.089<br>(0.323) |

续表

| 变量 | 东部 | 中部 | 西部 | 南方非供暖区域 |
|---|---|---|---|---|
| | 工具变量固定效应模型 | 工具变量固定效应模型 | 工具变量固定效应模型 | 工具变量固定效应模型 |
| | 模型 16 | 模型 17 | 模型 18 | 模型 19 |
| *rd* | −6.805 **<br>(3.405) | −1.961<br>(1.835) | 14.446<br>(58.725) | −0.737<br>(1.893) |
| *eff* | 0.756 *<br>(0.427) | 0.369 **<br>(0.167) | −1.332<br>(7.086) | 0.556 **<br>(0.151) |
| 年份效应 | 是 | 是 | 是 | 是 |
| 省份效应 | 是 | 是 | 是 | 是 |
| 观测值 | 77 | 88 | 86 | 132 |

注：***、**、*分别表示在1%、5%、10%水平条件下显著，括号内为标准差。
资料来源：笔者自制。

除了考虑地区异质性影响之外，还特别关注了南方非供暖区域多中心空间结构对雾霾污染的影响。考虑南方非供暖区域可以有效排除冬季集中供暖这一无法观察的因素，进而在更加纯粹的情境下考察多中心空间结构对雾霾污染的影响。模型 19 为仅考虑南方非供暖区域的回归结果，可以看出，南方非供暖区域多中心变量的估计系数为 −3.090 且在 5% 水平下显著，表明在仅考虑南方非供暖区域时，多中心空间结构同样具有减少雾霾污染的作用。

3. 考虑空间溢出效应

雾霾污染是全局性环境问题而不是局部的环境问题，在很大程度上可以通过大气环流、大气化学作用等自然因素，以及产业转移、污染泄漏、工业集聚、交通流动等经济机制扩散到附近地区（邵帅等，2016）。因此，在探究多中心空间结构对雾霾污染的影响时，还应考虑雾霾污染的空间溢出效应，否则会产生有偏或不稳的回归结果，进而影响结论的稳健性。本章将运用空间动态面板模型的估计方法，在控制空间溢出效应的情境下，实证检验多中心空间结构对雾霾污染的影响。

在运用空间动态面板模型进行估计时，首先应构建合适的空间权重矩阵。

采用以下两种较为常用的空间矩阵：空间地理距离权重矩阵 $W_{geo}$ 和空间邻近权重矩阵 $W_{adj}$。空间地理距离权重矩阵 $W_{geo}$ 是依据相邻地区的距离来设定权重；而空间邻近权重矩阵 $W_{adj}$ 则依据两个地区是否有公共边界来设定权重。计算公式如下：

$$w_{ij}^{geo} = I(d_{ij} \leq d^*) \times (d_{ij}^2)^{-1} \tag{6-3}$$

在式（6-3）中，$d_{ij}$ 表示为 $i$ 省份和 $j$ 省份的欧式距离，依据两个城市的经纬度计算而得，$d_{ij}$ 越大则元素值越小，$i$ 和 $j$ 之间的相互影响就较弱。$I(d_{ij} \leq d^*)$ 中的 $I(\sim)$ 代表示性函数，$d_{ij} \leq d^*$ 的含义是当两个地区的距离小于距离阈值 $d^*$ 时，示性函数取值 1，否则为 0。这里加入示性函数的原因如下：首先，依据地理学第一定律，相隔距离远到一定程度的地区，其相互的影响可以忽略不计；其次，基于空间计量理论中参数空间稳定性的考虑（Paulelhorst，2014），$W_{adj}$ 元素的计算公式为 $w_{ij}^{adj} = 0$ 或 1。假如 $i$ 与 $j$ 不相邻，则 $w_{ij}^{adj} = 0$，$i$ 与 $j$ 相邻是指没有共同边界相接壤；假如 $i$ 与 $j$ 相邻则 $w_{ij}^{adj} = 1$，$i$ 与 $j$ 相邻是指有共同边界相接壤。该矩阵运用 Arcgis 软件计算获得。在得到空间权重矩阵后，运用空间动态面板模型估计后所得到的回归结果如表 6-6 所示。观察表 6-6，模型 20 至模型 22 是基于空间邻近权重矩阵 $W_{adj}$ 进行估计得到的回归结果；模型 23 至模型 25 是基于空间邻近权重矩阵 $W_{geo}$ 进行估计得到的回归结果。具体地，模型 20 反映的是以帕累托指数作为多中心指标替代变量进行估计得到的回归结果。可以看出，多中心变量的估计系数虽然为负，但不显著。模型 23 为更换空间权重矩阵后的回归结果，但多中心变量的估计系数依然不显著为负。不同于帕累托指数作为多中心指标替代变量的回归结果，以逆首位度以及调整的赫芬达尔指数的倒数所反映的多中心指标在不同的空间权重矩阵下进行估计的回归结果均显示多中心指标变量的估计系数为负，并且在 5%~10% 水平下通过显著性检验。因此从整体来看，在考虑空间溢出效应的情况下，基准回归的结果依然没有显著改变，即多中心城市空间结构有利于减少雾霾污染。

综上可知，不论是在替换被解释变量、控制时间滞后效应、考虑样本的异质性还是考虑雾霾污染的空间溢出效应，多中心指标变量的估计系数均显著为负，结论具有较好的稳健性。以上充分说明雾霾污染除了受到如产业结构、能源结构以及技术等传统因素影响之外，还会受到经济活动的空间分布影响，并且经济活动的多中心空间布局可以有效减少雾霾污染。

表 6-6　　　　　　　　考虑空间溢出效应稳健性检验

| 变量 | 空间邻近权重矩阵 | | | 空间地理距离权重矩阵 | | |
|---|---|---|---|---|---|---|
| | 模型 20 | 模型 21 | 模型 22 | 模型 23 | 模型 24 | 模型 25 |
| $\ln q$ | -0.042<br>(0.031) | — | — | -0.024<br>(0.021) | — | — |
| $\ln h$ | — | -0.417**<br>(0.183) | — | — | -0.306*<br>(0.169) | — |
| $\ln poly$ | — | — | -0.354**<br>(0.144) | — | — | -0.329**<br>(0.155) |
| $\ln pm2.5_{t-1}$ | 0.675***<br>(0.045) | 0.653***<br>(0.046) | 0.656***<br>(0.045) | 0.714***<br>(0.048) | 0.703***<br>(0.049) | 0.703***<br>(0.048) |
| $w \times \ln pm2.5_{t-1}$ | -0.606***<br>(0.099) | -0.573***<br>(0.097) | -0.590***<br>(0.096) | -1.394***<br>(0.429) | -1.367***<br>(0.427) | -1.416***<br>(0.410) |
| $w \times \ln pm2.5$ | 0.760***<br>(0.073) | 0.762***<br>(0.073) | 0.760***<br>(0.072) | 0.977***<br>(0.302) | 0.985***<br>(0.323) | 0.974***<br>(0.297) |
| 控制变量 | 是 | 是 | 是 | 是 | 是 | 是 |
| 年份效应 | 是 | 是 | 是 | 是 | 是 | 是 |
| 观察值 | 230 | 230 | 230 | 230 | 230 | 230 |
| $R^2$ | 0.999 | 0.999 | 0.999 | 0.998 | 0.998 | 0.998 |
| $logl$ | 284.891 | 286.063 | 286.270 | 357.226 | 355.224 | 360.281 |

注：***、**、*分别表示在1%、5%、10%水平条件下显著，括号内为标准差。
资料来源：笔者自制。

## 6.5

# 拓展性分析

前文主要对多中心空间结构与雾霾污染之间的因果关系进行了考察，并进行了一系列的稳健性检验。接下来将进一步探究多中心空间结构对雾霾污染的影响，即经济活动的多中心空间结构减少雾霾污染是否会受到一定条件的制约。前文研究中所测算的多中心变量指标主要反映的是经济活动在空间上的分布，但却忽略了省域内各城市之间的地理距离。理论上来讲，内部平均距离的不同会导致两个具有相同规模分布的省域有着不同的多中心空间结构。省域内城市之间平均距离较小的区域更容易呈现多中心空间结构。在其他条件不变的情况下，省域内城市之间的平均距离可以表示为各城市之间的贸易成本。已有研究也表明贸易成本和通勤是影响环境污染排放的重要因素。鉴于此，分别计算了省域内部各城市之间的平均距离 $dist1$ 以及各城市到规模最大城市的平均距离 $dist2$。然后，通过引入多中心指数变量与距离变量的交叉项来检验多中心空间结构对雾霾污染的影响是否受到距离因素制约。此外，引入 $dist1$ 与 $dist2$ 的平方项与多中心结构变量的交叉项考察其可能存在的非线性关系。

观察表 6 - 7，模型 26 和模型 27 是将 $dist1$ 的一次项、二次项以及 $dist2$ 的一次项、二次项分别与多中心指标变量做交互项后进行估计的回归结果，可以看出，多中心指标变量以及多中心指标变量与距离一次项和二次项的交叉项系数均显著，表明多中心空间结构对雾霾污染的影响与省域内平均距离和每个城市到中心城市平均距离有关。此外，多中心指标变量与距离变量二次项的交叉项系数为正，并且在 1% 的水平下通过显著性检验，意味着多中心空间结构与雾霾污染之间存在显著的"U"型关系，即多中心空间结构对雾霾污染的抑制效应只会在一定距离的空间范围内成立，意味着省域内各城市之间的距离过远或过近都将不利于降低雾霾污染。

表 6 - 7　　　　　考虑地理距离与经济发展水平调节效应的回归结果

| 变量 | 固定效应模型 | 固定效应模型 | 固定效应模型 |
| --- | --- | --- | --- |
| | 模型 26 | 模型 27 | 模型 28 |
| $\ln q$ | 1.621 *** (0.528) | 1.761 *** (0.673) | 0.455 * (0.233) |
| $dist1 \times \ln q$ | -0.010 *** (0.003) | — | — |

续表

| 变量 | 固定效应模型 | 固定效应模型 | 固定效应模型 |
| --- | --- | --- | --- |
| | 模型 26 | 模型 27 | 模型 28 |
| $dist1^2 \times \ln q$ | 1.04e − 05 *** <br> (3.46e − 06) | — | — |
| $dist2 \times \ln q$ | — | − 0.013 *** <br> (0.005) | — |
| $dist2^2 \times \ln q$ | — | 1.87e − 05 *** <br> (7.14e − 06) | — |
| $\ln pgdp \times \ln q$ | — | — | − 0.061 *** <br> (0.024) |
| 控制变量 | 是 | 是 | 是 |
| 年份效应 | 是 | 是 | 是 |
| 省份效应 | 是 | 是 | 是 |
| 观察值 | 242 | 242 | 251 |
| $Within − R^2$ | 0.7961 | 0.7929 | 0.7855 |

注：***、**、* 分别表示在1%、5%、10%水平条件下显著，括号内为标准差。
资料来源：笔者自制。

在表6 – 7中，除考虑省域内城市之间地理距离因素的调节效应之外，还考察了经济发展水平的调节效应。之所以关注经济发展水平对雾霾污染的调节效应，主要目的在于考察当经济发展处于何种水平时，多中心空间结构能更有利于减少雾霾污染。对此，在模型中引入了人均 GDP 与多中心指数变量的交叉项，通过观察该交叉项系数的符号判断经济发展水平，有利于多中心空间结构的减排效应。特别需要指出的是，与现有研究验证环境库兹涅茨曲线假说的方法不同，并没有单独控制经济发展水平的二次项以及三次项。这是因为所关注的是经济水平的调节效应，而非经济发展水平对雾霾污染的直接影响。观察模型 28 可以看出，经济发展水平与多中心指标变量交叉项的估计系数为负，并且在 1% 水平下通过显著性检验，表明只有在经济发展水平比较高的地区，多中心空间结构才更有利于降低雾霾污染。以上是由于经济发展水平的提高不但可以有效缩短区域内部的区际贸易距离，还可以通过强化政府管理职能矫正"市场失灵"，从而间接提升多中心空间结构的减排效应。

为直观说明多中心空间结构对雾霾污染的影响会受距离因素的制约，基于模型 26 和模型 27 的回归结果，在图 6－2 中画出了在不同距离的情形下，多中心空间结构对雾霾污染的偏效应。基于模型 26 的回归结果可以得到如下公式：

$$\frac{\partial \ln PM2.5}{\partial \ln p} = 1.621 - 0.01 \times dist1 + 1.04e - 05 \times (dist1)^2 \qquad (6-4)$$

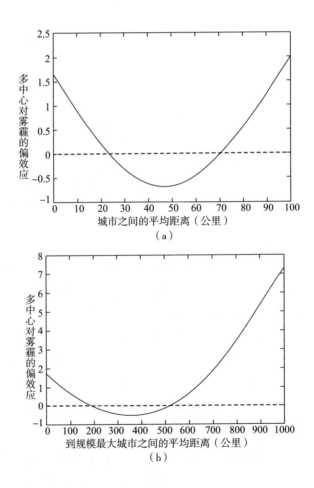

（a）

（b）

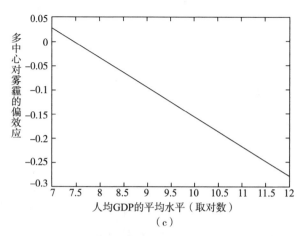

**图6-2　空间距离与经济发展水平的调节效应**

资料来源：笔者自制。

　　运用式（6-4）可以计算不同距离下多中心空间结构影响雾霾污染的偏效应，并将所得到的结果绘制在图6-2的第一幅，第二幅的图形则是基于 dist2 的回归结果绘制。观察图6-2可知，当省域内的平均距离在207~754公里，省内各城市到最大城市之间的距离在185~510公里时，多中心空间结构才能起到降低雾霾污染的作用。因此，多中心空间结构降低雾霾污染的作用会受区域内各城市之间地理距离的影响，当只有在合理的距离范围内时，多中心空间结构才能起到减少雾霾污染的作用，其可能的原因在于城市间的区际贸易和通勤依然是影响雾霾污染的重要因素。类似地，为了更直观地展示多中心对雾霾污染的偏效应受经济发展水平的影响，将第（3）列的回归结果画在图6-2的第三幅。从该图可以看出，只有经济发展水平超过7.46时，经济活动的多中心分布才有利于降低雾霾污染。综上所述，区域内部城市之间的地理距离以及该省的经济发展水平都有可能成为影响多中心空间结构减排效应的重要调节因素。因此，在当前的制度环境以及交通技术水平下，只有在经济发展水平较高且区域内各城市之间的距离适中时，多中心空间结构才有利于减少雾霾污染。这一结论意味着不论是经济活动的集聚还是经济活动的多中心空间分布，对雾霾污染的影响都会受到一定因素的制约。

## 6.6
# 本 章 小 结

现有关于空间结构影响环境污染的文献多关注于经济活动的集聚是否有利于降低环境污染，所给出的政策建议多为进一步促进经济活动的集聚是提升环境质量的重要措施。本章的结论表明，多中心的空间结构有利于降低雾霾污染，并且对雾霾污染的影响还受区域内城市之间的地理距离及经济发展水平的制约。由此可见，政府政策应该更多地考虑如何缩短城市之间的区际贸易距离以及提高区域内部的经济发展水平。针对缩短外围城市到核心城市之间的距离而言，提升城市之间的基础设施建设水平以及推进交通运输部门的技术进步是降低雾霾污染的有效手段。具体而言，首先从经济活动空间布局视角对省域内多中心空间结构影响雾霾污染的作用机制进行了深入解析；其次，运用 2SLS 和 IV – FE 等多种计量方法对作用机制进行了实证检验，结果发现多中心的空间结构有利于降低雾霾污染，不考虑内生性的基准回归结果显示，多中心指数平均每增加 1%，雾霾污染将会降低 0.212% ~ 0.293%；在考虑内生性之后，多中心指数平均每增加 1%，雾霾污染将会下降得更多，在 1.46% ~ 2.67%。此外，还从多个维度对基准回归结果进行了实证检验，结果显示，这一结论具有较好的稳健性。在拓展性分析中着重考察了区域内各城市之间的平均距离、区域内各城市到中心城市的平均距离以及省域经济发展水平对多中心空间结构影响雾霾污染的调节效应，结果显示，只有在区域内各城市之间的距离适中且经济发展水平较高的情境下，经济活动的多中心空间分布才更有利于降低雾霾污染。

此外，从环境污染治理的角度给出了评价多中心城市体系优劣的实证依据，这与中国未来城市化道路的模式选择密切相关。目前，对于中国未来城市化道路的模式选择，现有争论多集中于是走与美国相似的以巨型城市为主导的单中心城市化道路，还是走与欧洲类似的多中心城市化道路。从研究结论来看，多中心的城市化道路可能是中国城市化的发展方向。这是因为就中国目前的基本国情而言，如果过于强调超大型城市集聚经济的作用而忽视集聚经济外溢存在的地理边界约束，就可能在巨型城市生态承载力以及环境自净能力突破极限的同时，进一步拉大中心城市与外围城市之间的收入差距。差距一旦扩大，即便是消除户籍制度限制或实施公共服务均等化也不能在短期内解决相关问题。因此，只有建设多中心的城市体系，才能实现大中小城市协同发展。

# 第 7 章

# 中国城市空间扩张的生态
# 环境治理：城市创新

上述章节对城市空间扩张的生态环境效益进行了细致的梳理，并对城市多中心空间结构与雾霾污染关系展开深入探讨。因此，本章将以雾霾污染作为城市空间扩张引致环境污染的代理变量，尝试从理论与实证层面厘清城市创新和雾霾污染的因果联系，为如何有效提高城市环境污染治理提供实证支持。结果显示，城市创新水平的提升有利于减少雾霾污染，且城市创新对人力资本、金融发展以及基础设施水平较高城市的减霾效应更为显著。技术升级效应、结构优化效应及资源集聚效应是城市创新减少雾霾污染、提高城市环境绩效的重要传导渠道。值得注意的是，城市创新存在门槛效应，当其越过门槛值之后，才会产生减霾效应。技术驱动型与紧凑集约型城市发展模式能强化创新的减霾效应，而制度创新型与蔓延扩张型城市发展模式则会抑制创新的减霾效应。

## 7.1
## 引　言

进入新时代，中国经济发展取得举世瞩目的成就。2021 年中国 GDP 高达 114.4 万亿元，稳居世界第二位，成为全球唯一实现经济正增长的主要经济体。但长期粗放的经济增长模式也导致中国环境污染问题日益严峻，尤其是空气质量下降，雾霾污染频发。《2020 中国生态环境状况公报》显示，中国生态环境质量虽整体改善，但仍不容乐观，337 个地级及以上城市中，仍有40.1% 的城市环境空气污染超标，累计发生重度及以上污染 1497 天次；86.4% 的地下水超过Ⅲ类水质标准。严重的雾霾污染不仅危害居民身心健康（Schlenker W and Walker W R，2016），也会扩大区域间的经济发展差距（Schoolman E D and Ma C，2012），进而阻碍社会经济可持续发展，不利于中国经济高质量发展目标的实现（陈诗一和陈登科，2018）。当前，中国正处于深入实施可持续发展战略的新阶段，完善生态文明领域统筹协调机制，全面提高资源利用效率，促进经济社会发展全面绿色转型已成为中国经济发展的首要目标选择。那么，基于这一目标选择，明晰雾霾污染的成因，深入探究治理雾霾污染的有效路径选择，便具有重要的学术意义和政策指导价值。

现有关于雾霾污染成因及治理的研究多从产业结构（邵帅等，2016）、财政分权（黄寿峰，2017）、环境规制（朱向东等，2018）、交通运输（孙传旺等，2019；Dong Z X et al.，2020）、外商直接投资（欧阳艳艳等，2020）等视角展开，却忽视了城市创新对雾霾污染的影响。一般而言，雾霾污染通常发生在人口和经济活动集聚的城市区域，已呈现出涉及范围广、爆发频率高、治理难度大、常态化的特征（邵帅等，2016；孙伟增等，2019）。那么，是否可以通过变革城市发展模式，打破城市发展过程中的雾霾污染负外部性怪圈呢？自中国开始实施创新驱动发展战略，明确将创新作为引领发展的第一动力以来，我国科技创新取得了跨越式的大发展。在党的十九大报告中，"创新"一词被习近平总书记反复提及，明确指出创新是引领发展的第一动力。由此，有学者认为打破"城市发展－污染"链条的关键要素和重要突破口在于不断提升城市创新水平（石大千等，2018）。城市创新不仅是实现城市高质量发展的重要推手，也是践行国家创新驱动发展战略，促进"双循环"新发展格局形成的重要一环。对此，本章将尝试厘清城市创新影响雾霾污染的作用机制，并运用 2001~2016 年地级及以上城市的经验数据进行实证检验，为制定雾霾污染治理政策提供借鉴和参考。

诸多学者的研究表明技术进步是治理雾霾污染的有效手段（魏巍贤等，

2016；Navita M and Seema G，2020）。还有研究认为，公众环境诉求是督促政府采取相应措施治理环境污染的重要措施（郑思齐等，2013）。马丽梅和张晓（2014）认为，政府各种节能减排政策的推进实施，能够引导产业向低污染方向转移，缓解雾霾污染。此外，公共交通基础设施的投资建设也是治理雾霾污染的有效方式（梁若冰和席鹏辉，2016）。强制性的环境规制措施如征收环保税（Miller S and Vela M，2013；叶金珍和安虎森，2017）、持续性的环保督察（王岭等，2019）、设立环保法庭（Harrison J，2013；范子英和赵仁杰，2019）均有利于治理雾霾污染。

另一支与研究主题相关的文献主要围绕城市化引致的环境污染问题展开，但尚未得出一致的结论。一种观点认为在城市化的发展进程中，乡村人口大量涌入城市，人口规模增加提高了城市能源需求，导致污染排放总量上升（陆铭和冯皓，2014），同时市中心人口密度提高会带来交通拥堵，加剧颗粒物排放（Luo Z et al.，2018）；此外，工业化程度的迅速提高直接导致污染物排放增加，加剧了环境污染（刘伯龙等，2015；Aslan A et al.，2021）。另一种观点表明城市化不仅可以通过提高清洁生产技术、积累人力资本以及促进资源集聚等方式减少污染物的产生，还有利于发挥公共基础设施（如地铁、天然气）的规模效应从而降低雾霾污染（Aunan K and Wang S，2014）。第三种观点认为城市化是一个动态且复杂的过程，对污染物排放量可能存在倒"U"型的非线性影响（Merbitz H et al.，2012）。城市化前期带来的工业规模扩张会大幅提高能源消耗，进而增加雾霾污染排放（Chay K Y and Greenstone M，2005）；而后期则因城市化引发的集聚效应降低运输成本，激励技术创新，进而降低雾霾污染（Kahn M E and Schwartz J，2008）。通过对相关文献的梳理可以发现，关于雾霾污染成因及治理因素的研究已经收获了相当丰硕的研究成果。目前学者们主要从多个角度对雾霾污染的成因及治理措施做了深入的剖析，少量基于城市层面对雾霾污染的影响研究也主要基于城市化进程引致的环境污染，鲜有研究从城市创新视角切入，探究城市创新水平提升的减霾效应。城市创新水平的提升不仅有利于解决中国城市化过程中所出现的低效率无序扩张问题，也对城市产业结构以及要素集聚产生重大影响，加速推进新型城市化建设。

不同于以往研究，本章的边际贡献在于从城市创新视角拓展了中国城市空间扩张引致的生态环境治理的研究视域，并通过城市创新引致的技术进步效应、结构升级效应以及资源集聚效应揭示了城市创新减霾效应的作用机制。厘清城市创新影响雾霾污染的作用机理，明晰城市创新减霾效应的传导渠道，将有助于完善以创新驱动的大气污染治理体系，有效破解城市空间扩张与雾霾污染的两难选择，最终实现城市经济高质量发展。

## 7.2
# 理论分析框架与研究假说

城市创新实际上是一种基于社会组织变革以及科技进步的重大创新，是国家创新体系的重要组成部分与关键环节（方创琳，2014），对发挥城市在国家创新活动中的基础地位与支撑作用具有重要意义。各级政府也试图通过提升城市创新水平、创新变革城市治理模式的方式打破传统的"重经济生产、轻生态治理"的格局（王晓红和冯严超，2019）。

通常而言，城市创新水平的提升意味着推动建立以城市内部创新要素为支撑，基于经济增长和经济增长方式转变基础之上的城市可持续发展，在这一过程中，通常还伴随着城市产业结构的调整（袁航和朱承亮，2018）、社会组织结构的变革（石大千等，2018）和居民生活方式的转变（王国刚，2010）。基于这种判断，如图 7－1 所示，城市创新对雾霾污染的影响可以借助熊彼特创新理论的技术、产品、市场、管理以及配置五方面予以分析拓展。其中，技术创新主要包括产品和服务创新、过程技术创新以及使能技术创新，通过将各类智能监测设备等创新因子应用于城市企业的生产活动，实现动态采集与获取和企业排污密切相关的环境信息，促进企业污染物治理模式的优化升级，提升治理效率进而减少城市雾霾污染。产品创新指产品在技术规范、零件和材料、合并软件、用户友善或其他功能特色等方面的重大改进（张于喆，2014），推动了信息技术在企业产品中的应用，促使企业传统产品实现升级换代，顺应生产环境友好型产品的趋势，改善城市空气质量。市场创新致力于市场创造，提出新的产品概念，建立新的市场标准和秩序，有利于促进城市内信息传输、租赁和商务服务等生产性服务业的兴起，不断扩大以服务业为主的第三产业的发展空间，进而降低产业发展过程中的污染物排放，降低城市雾霾污染水平。管理创新则重点关注对管理理念、制度、流程、结构等对象进行改进的一系列活动，推动企业组织管理效率的提高（Lin H and Su J，2014），促使企业向智慧管理、科学管理转变，降低因管理运营水平较低而引发的资源浪费现象，提升城市的绿色环保水平。配置创新的核心观点在于通过调整产品组合及发展模式，发挥效能的最大化，实现资源在企业内部的协调、整合和分配，以及在城市范围内对人财物资源进行高效的灵活调度，提升各类资源的利用率，降低城市雾霾污染。综合上述分析，提出本章第一个理论假说。

假说 7 - 1：城市创新水平的提升有利于减少雾霾污染，即城市创新存在减霾效应。

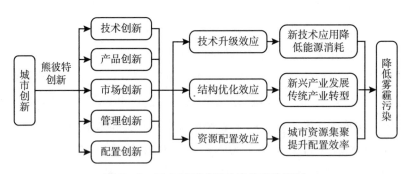

图 7 - 1　城市创新减霾效应的理论机制

资料来源：笔者自制。

在城市创新驱动下内生的技术升级效应、结构优化效应以及资源配置效应分别会通过提升能源利用率、推动产业结构优化升级、促进人财物的合理配置来降低城市雾霾污染。

第一，技术升级效应。在政府环境立法的逐渐完善和环境规制措施多元化的背景下，提升城市创新水平可以促使企业加快研发以及应用节能环保技术的步伐（陈阳等，2019）。伴随着环保产品及清洁技术在生产环节中的不断投入，企业生产模式和能源消耗结构得以优化，有力地推动了整个产业由粗放发展型向技术集约型转变，能源利用效率得以提升，污染排放减少，改善了空气质量。在生产系统形成的前端预防以及在污染治理技术方面的末端治理都将有利于提升城市雾霾污染的防治水平。因此，城市创新水平提升引致的技术升级效应是城市创新减霾效应重要的传导渠道。

第二，结构优化效应。城市创新水平的提升必然伴随着以知识、技术等新兴创新要素投入为主的科技信息行业的发展，此类新兴要素具有传播成本低、渗透力强、规模报酬以及边际收益递增的特性。一方面，城市创新水平提升为高技术产业的兴起提供了技术保障，同时又会带动信息软件、商务服务、信息传输、技术服务等生产性服务业的发展，通过延伸产业价值链、深化劳动力分工水平等途径，大幅减少污染物排放，加速城市产业结构升级进程。另一方面，城市创新水平提升有助于推动传统行业改善生产要素投入结构和经营模式，提高传统产业的运行效率，加速与新兴产业的融合，向低污染低耗能的环境友好型方向转变，显著改善空气质量（李晓钟等，2017）。所以，城市创新水平提升引致的产业结构优化效应是城市创新减霾效应另一条重要传导渠道。

第三，资源配置效应。城市创新水平提升会驱使高素质人才与高质量要素向城市集聚，提高城市能源利用效率，降低由城市无序扩张而引发的雾霾污染（刘修岩等，2016）。同时，伴随着城市创新水平提升的技术密集型产业发展，不仅可以引导信息、人力资本与生产资金等要素向新兴产业流动与集聚，优化调整生产资源在传统与新兴产业间的配置，还促使城市的组织管理形式发生变革，由传统低效型向智慧管理型、网络化管理型转变，从而实现城市人财物资源在产业间的灵活调度，提升各类资源的利用率和城市污染治理水平以及环保能力。城市创新水平提升引致的资源配置效应是城市创新减霾效应第三条传导渠道。由此，进一步提出以下假说。

假说 7 - 2：城市创新水平提升引致的技术升级效应、结构优化效应与资源配置效应是降低雾霾污染的重要传导渠道。

不同城市在创新水平的驱动力与发展模式上会存在明显差异，这是否会对城市创新减霾效应产生某种调节效应呢？理论上来讲，城市创新水平的提升均是由城市内部创新活动推动的（Ma H T et al.，2015）。但从实践角度看，城市创新水平的提升可以表现出不同的驱动模式，具体可以分为科技创新型、产业创新型、开放创新型、"两型"[①] 示范型、体制机制创新型与综合创新型城市。需要指出的是，这一分类是建立在城市创新活动的不同侧重内容与推动力上的，尽管十分具体但概括性不强。对此，在对城市创新的驱动类型进行重新梳理之后，将科技创新型、研发创新型、产业创新型等归为技术创新型城市，通过实行科技导向创新战略，全力推动先进科技生产力的发展，促进城市产业技术创新，通过制造业的转型升级与服务业的加速发展，使得城市内部产业结构得以优化升级，较好地发挥城市创新的减霾效用。将开放创新型、体制机制创新型、知识创新型等视为制度创新型城市，通过推行政策导向的创新策略，构建系统完备、运行有效、科学规范的制度体系，形成协同一致的政策创新合力；同时整合各类创新资源，实现各创新环节的协调互动，进而激发城市内经济主体的创新活力。城市的制度创新可能会促使投资者加大对城市内企业的资金投入力度，增加资本空间集聚，为企业创新提供充裕的资金支持。同时，随着外商直接投资的不断注入，一方面所承载的先进生产企业可以促使城市企业实现绿色或清洁生产，带来"污染光环效应"，降低城市雾霾污染；另一方面，伴随着较高污染密集度的生产环节与产业转移，也可能导致"污染天堂效应"，加剧城市雾霾污染，进而减弱城市创新的减霾效应。因此，技术创新型与制度创新型城市发展模式均能对雾霾污染产生调节效应。据此提出本章第三个假说。

假说 7-3：技术驱动创新型城市的减霾效应相比于制度创新型城市更为显著。

从空间布局视角，中国城市发展的推进模式又可以为旧城区改造、建立中心商务区、设立经济开发区、打造新城与新区、城市扩展、推动村庄及乡镇产业化七种类型（李强等，2012）。对此，将旧城区改造与建立中心商务区视为紧凑集约型城市发展模式，把设立经济开发区、打造新城与新区、城市扩展、推动村庄及乡镇产业化界定为蔓延扩张型城市发展模式。根据紧凑城市理论，紧凑集约型城市发展模式不仅有利于发挥知识与经济的空间集聚效

---

① "两型"指"资源节约型"与"环境友好型"。

应，还可以降低居民对汽车的依赖度与能源消耗量（Clark L P et al.，2011），进而减少汽车尾气的排放，降低城市雾霾污染。蔓延扩张型的城市发展模式则会降低城市经济活动以及人口居住密度，增加建筑物的需求量，在建筑施工过程中产生的粉尘污染物排放量会进一步加剧雾霾污染；除此之外，还会侵蚀城市周边的园林绿地面积，减弱城市自然生态调节功能，不利于改善城市空气质量。因此，提出本章第四个假说。

假说 7-4：紧凑集约型城市发展模式相比于蔓延扩张型城市发展模式的减霾效应更为显著。

## 7.3

# 模型构建与变量选取

### 7.3.1　计量模型构建

在理论分析的基础上，通过构建如下计量模型来识别城市创新对雾霾污染的影响：

$$\ln PM2.5_{it} = \alpha_0 + \alpha_1 \ln creative_{it} + \alpha_2 X_{it} + \eta_i + \varphi_t + \varepsilon_{it} \qquad (7-1)$$

其中，$PM2.5_{it}$ 表示城市 $i$ 在 $t$ 年的雾霾污染程度，$\ln creative_{it}$ 为城市 $i$ 在 $t$ 年的创新水平。$X_{it}$ 是控制变量集，具体包括城市经济发展水平、人口规模、绿化覆盖面积、固定资产投资额、外商直接投资与政府管制水平。$\eta_i$ 为城市层面的固定效应，以控制城市固有特征可能产生的影响；$\varphi_t$ 为年份层面的固定效应，以控制随年份改变的宏观经济趋势的影响；$\varepsilon_{it}$ 为随机扰动项。

### 7.3.2　变量选取和数据来源

1. 被解释变量：雾霾污染（PM2.5）

PM2.5 是指空气动力学中当量直径 ≤2.5μm 的细微颗粒物，主要有自然源、人为源和大气化学反应源三种生成来源，其中人为源对城市空气质量的影响最大。中国最主要的雾霾污染排放物即为 PM2.5。因此，以 PM2.5 浓度年均值作为衡量雾霾污染程度的首要指标。2013 年之前，国家并未对 PM2.5 数据进行大规模统计，以往研究中关于空气污染多使用二氧化硫、二氧化碳、磷酸三钠以及 PM10 等污染物来替代。但有研究指出 2001～2010 年中国一半以上城市 PM10 数据因人为干扰因素导致质量普遍较低（Ghanem D and Zhang J J，2014）。为解决 PM2.5 历史数据缺失以及单独采用卫星数据和地面监测数据导致数据准确度较低等问题，借鉴相关研究人员（Ma H T et al.，2015）的方法，将卫星监测以及地面监测数据同时纳入两阶段空间统计学模型来进行测算，然后运用 ArcGIS 软件将此栅格数据与中国行政矢量地区相配以获得 270 个中国地级及以上城市 2001～2016 年的 PM2.5 浓度数据。

2. 解释变量：城市创新指数（lncreative）

关于城市创新，已有研究大多围绕与专利相关的申请量以及授权量等单一指标来进行界定。虽然专利数据可以在一定程度上反映技术变革与创新，但创新与申请专利数并非一一对应，并不是所有创新都会申请专利，同时专利授权量这一指标暗含了每个专利对创新具有同质影响的假设，进而忽视专利的异质性问题，因此指标选取不够准确与合理。选取的城市创新水平指标来自复旦大学产业发展研究中心于 2017 年发布的《中国城市和产业创新力报告》。他们利用国家知识产权局与工商局发布的微观数据，结合专利更新模型对专利价值进行测算，同时加总至城市层面来衡量每个城市的创新水平。因此，该报告中的城市创新指数将异质性专利价值纳入衡量范畴，较为精确地反映了各城市的创新水平，相关计算方法详见寇宗来和刘学悦的相关研究（2017）。

3. 控制变量

将影响雾霾污染的经济、人口与治理三大类因素纳入控制变量集。经济因素包括城市经济发展水平（pgdp），以城市实际人均 GDP 的对数值表示；固定资产投资额（invest），用全社会固定资产投资的对数值表示；外商直接投资（fdi），以城市实际利用外资额占 GDP 的比重来度量。人口因素包括人口规模（pop），用城市年末人口总量的对数值衡量。治理因素包括城市绿化

（*green*），用城市绿地面积的对数值代理；政府管制水平（*govsup*），衡量指标为政府财政支出占 GDP 的比率。相关变量的描述性统计分析如表 7 - 1 所示。

表 7 - 1　　　　　　　　　　　　变量的描述性统计分析

| 变量名 | | 样本量 | 平均值 | 标准差 | 最小值 | 最大值 |
|---|---|---|---|---|---|---|
| 被解释变量 | 空气污染（ln*PM2.5*） | 4320 | 3.4702 | 0.4962 | 1.5083 | 4.5104 |
| 解释变量 | 城市创新指数（ln*creative*） | 4312 | -0.4544 | 1.9176 | -4.6052 | 6.9673 |
| 控制变量 | 经济因素 经济发展水平（ln*pgdp*） | 4320 | 9.9552 | 0.8813 | 7.3852 | 12.2807 |
| | 经济因素 固定资产投资额（ln*invest*） | 4320 | 5.9681 | 1.3387 | 2.5615 | 9.7620 |
| | 经济因素 外商直接投资（*fdi*） | 4142 | 0.0031 | 0.0035 | 0 | 0.0577 |
| | 人口因素 人口规模（ln*pop*） | 4320 | 5.8571 | 0.7040 | 2.6856 | 8.1292 |
| | 治理因素 城市绿化（ln*green*） | 4277 | 7.8296 | 1.1556 | 3.1355 | 12.0319 |
| | 治理因素 政府管制水平（*govsup*） | 4320 | 0.1473 | 0.0838 | 0.01431 | 1.0241 |

资料来源：笔者自制。

## 7.4
## 实证结果分析

在厘清城市创新影响雾霾污染的理论分析框架和传导渠道后，接下来将基于城市 PM2.5 数据，通过构建的计量模型对上述机制进行实证检验。

### 7.4.1　基准回归结果

表 7 - 2 为城市创新影响 PM2.5 的基准回归结果。第（1）列显示在仅控制地区和年份固定效应、未纳入控制变量情形下的估计结果，可以看出，城市创新变量的估计系数显著为负。第（2）列至第（5）列为逐步引入城市经济、人口以及治理因素等控制变量的回归结果，可以发现，城市创新变量的估计系数均显著为负，即提升城市创新水平可以显著减低雾霾污染。

表 7 - 2 城市创新对 PM2.5 影响的基准回归结果

| 被解释变量 | 雾霾污染 | | | | |
|---|---|---|---|---|---|
| | 固定效应 | 固定效应 | 固定效应 | 固定效应 | 固定效应 |
| | (1) | (2) | (3) | (4) | (5) |
| lncreative | - 0.0304 *** <br> (0.0044) | - 0.0383 *** <br> (0.0045) | - 0.0341 *** <br> (0.0046) | - 0.0358 *** <br> (0.0044) | - 0.0349 *** <br> (0.0047) |
| lnpgdp | — | - 0.0355 ** <br> (0.0157) | - 0.0446 *** <br> (0.0158) | 0.0476 *** <br> (0.0163) | - 0.0499 *** <br> (0.0161) |
| fdi | — | 2.3172 *** <br> (0.8075) | 2.0598 ** <br> (0.8078) | - 1.5744 <br> (1.0068) | 2.2053 *** <br> (0.8047) |
| lninvest | — | - 0.0324 *** <br> (0.0082) | - 0.0281 *** <br> (0.0082) | 0.0731 *** <br> (0.0098) | - 0.0219 *** <br> (0.0083) |
| lnpop | — | — | - 0.1821 *** <br> (0.0416) | - 0.1008 * <br> (0.0522) | - 0.1753 *** <br> (0.0416) |
| lngreen | — | — | — | 0.0019 <br> (0.0060) | - 0.0119 ** <br> (0.0048) |
| govsup | — | — | — | - 0.4164 *** <br> (0.0698) | - 0.2238 *** <br> (0.0593) |
| _cons | 3.1893 *** <br> (0.0119) | 3.6374 *** <br> (0.1248) | 4.7734 *** <br> (0.2881) | 3.2144 *** <br> (0.3356) | 4.8595 *** <br> (0.2884) |
| 城市固定效应 | 是 | 是 | 是 | 是 | 是 |
| 年份固定效应 | 是 | 是 | 是 | 否 | 是 |
| 样本量 | 4312 | 4137 | 4137 | 4113 | 4113 |
| $R^2$ | 0.434 | 0.461 | 0.464 | 0.144 | 0.471 |

注：括号内为标准误。 *** 、 ** 、 * 分别表示在1%、5%、10%水平条件下显著。
资料来源：笔者自制。

以第（5）列的估计结果为基准，再来观察控制变量。城市经济发展水平变量的估计系数显著为负，即提高城市人均国内生产总值能显著降低雾霾污染。随着经济发展水平的提升，城市具有更充裕的可支配收入用于污染治理，进而缓解当地雾霾污染，提升环境质量。城市人口规模对雾霾污染的影响显著为负，可能的原因在于随着人口总量的增长，人们对环境的关注度与重视度逐渐提升，进而有利于减少污染。城市绿化面积与 PM2.5 浓度呈显著负向关系，城市绿化覆盖面积越大，表明对污染吸纳能力越强，有效降低了雾霾污染水平。政府管制水平变量的估计系数显著为负，随着政府污染治理投资力度的不断加大，政府政策支持对 PM2.5 治理起到了积极作用。FDI 与城市雾霾污染呈显著正相关关系，进一步验证了"污染避难所"假说。城市固定资产投资额对 PM2.5 产生显著的负向影响，这可能是因为伴随着政府环境规制的持续强化以及城市产业结构的转型升级，固定资产投资不再是加剧雾霾污染的主要原因，转而呈现出环境友好型特征（Lu T，2019）。

## 7.4.2　稳健性检验

基准回归的结果显示，城市创新水平的提升有利于减少雾霾污染，这一结论是否稳健仍需进一步的检验。本章将从考虑内生性问题、政策变动以及剔除省会及直辖市样本等多维度进行实证检验以确保结论的稳健性。

1. 内生性检验

理论上，我们并不能排除雾霾污染阻碍城市创新水平提升的反向因果关系，因此，将地级市内的市辖区建成区的面积规模（lnbuiltarea）作为城市创新的第一个工具变量，运用两阶段最小二乘法（2SLS）进行回归估计。一方面，城市建成区面积直接影响城市人力、物力的空间集聚，而经济生产要素等空间集聚的正外部性的最直接体现即为城市科技创新水平的提升，符合有效工具变量的相关性假定（叶德珠等，2020）；另一方面，我国的土地政策不直接把环境保护作为市辖区建成区的发展目标（陆铭和冯皓，2014），因此较好地满足了有效工具变量的外生性假定。工具变量的第一、二阶段回归结果如表 7 - 3 第（1）列和第（2）列所示，可以发现，城市创新变量的估计系数仍显著为负。同时，本章还采用城市创新变量滞后一期（Llncreative）作为第二个工具变量，运用 2SLS 进行回归的估计结果如表 7 - 3 第（3）列和第（4）列所示，在内生性问题得到有效缓解的情况下，城市创新变量的估计系数依然显著为负。

表7-3　　　　　　　　城市创新对雾霾污染影响的内生性分析

| 被解释变量 | 城市创新指数 | 雾霾污染 | 城市创新指数 | 雾霾污染 |
|---|---|---|---|---|
| | 市辖区建成区面积 | | 核心解释变量滞后一期 | |
| | 最小二乘法 | 最小二乘法 | 最小二乘法 | 最小二乘法 |
| | (1) | (2) | (3) | (4) |
| ln*creative* | — | -0.0747 *** <br> (0.0257) | — | -0.0394 *** <br> (0.0051) |
| ln*builtarea* | 0.3416 *** <br> (0.0311) | — | — | — |
| Lln*creative* | — | — | 0.9010 *** <br> (0.0073) | — |
| 控制变量 | 是 | 是 | 是 | 是 |
| 城市固定效应 | 是 | 是 | 是 | 是 |
| 年份固定效应 | 是 | 是 | 是 | 是 |
| 不可识别检验 | — | 125.932 <br> [0.0000] | — | 3127.103 <br> [0.0000] |
| 弱识别检验 | — | 120.719 <br> {16.38} | — | 1.5e+04 <br> {16.38} |
| 样本量 | 4041 | 4041 | 3853 | 3853 |
| $R^2$ | 0.960 | 0.9503 | 0.993 | 0.9551 |

注：括号内为标准误。*** 、** 、* 分别表示在1%、5%、10%水平条件下显著；控制变量同表7-2。

资料来源：笔者自制。

## 2. 地理气候条件

地理气候条件会通过生产与扩散效应对城市创新的减霾效应产生调节作用，表7-4为考虑城市年均气温、年均降水量、地形起伏度、风速以及大气边界层高度等地理气候条件下的回归结果。第（1）列显示城市年平均气温对城市创新减霾效应产生显著负向影响，即年均温越高，城市创新减霾效应越弱，这可能是因为城市年平均气温的升高会引发一系列疾病，对城市居民的身心健康产生不利影响，导致城市创新所需的人力资本存量下降，进而不利于城市创新水平的提升。此外，城市年均温提升还意味着雾霾中含热量的增加，这将强化城市热岛效应，在此影响下，城市上空增加的云雾会使雾霾污染物难以扩散，加剧雾霾污染。第（2）列表明城市年均降水量对城市创新减霾效应产生显著负向影响，即年均降水量越大，城市创新减霾作用越弱，这既可能是因为降水条件与城市绿色发展效率呈负向关系，城市年均降水量越大，绿色发展效率也会受到相应抑制（周亮等，2019）；也可能与丰沛的降水量可以大幅降低 PM2.5 的浓度有关，雾霾污染基数减小，削弱了城市创新的减霾效应。

表 7 - 4　　　　　　　地理气候条件对城市创新降低雾霾污染的影响

| 被解释变量 | 雾霾污染 | | | | |
|---|---|---|---|---|---|
| | 固定效应 | 固定效应 | 固定效应 | 固定效应 | 固定效应 |
| | （1） | （2） | （3） | （4） | （5） |
| ln*creative* | 0.1686 *** <br> （0.0206） | 0.0538 ** <br> （0.0236） | -0.0266 *** <br> （0.0047） | -0.0552 *** <br> （0.0070） | 0.1431 *** <br> （0.0352） |
| ln*temp* × ln*creative* | -0.0661 *** <br> （0.0064） | — | — | — | — |
| Ln*rain* × ln*creative* | — | -0.0121 *** <br> （0.0031） | — | — | — |
| *high* × ln*creative* | — | — | -0.0249 *** <br> （0.0022） | — | — |
| *ws* × ln*creative* | — | — | — | 0.0079 *** <br> （0.0018） | — |
| ln*bunderly* × ln*creative* | — | — | — | — | -0.0286 *** <br> （0.0057） |
| 控制变量 | 是 | 是 | 是 | 是 | 是 |
| 城市固定效应 | 是 | 是 | 是 | 是 | 是 |
| 年份固定效应 | 是 | 是 | 是 | 是 | 是 |
| 样本量 | 2896 | 2908 | 4113 | 4006 | 4006 |
| $R^2$ | 0.293 | 0.279 | 0.488 | 0.488 | 0.489 |

注：括号内为标准误。*** 、** 、* 分别表示在 1%、5%、10% 水平条件下显著；控制变量同表 7 - 2。

资料来源：笔者自制。

第（3）列表明城市地形起伏度对城市创新减霾效应产生显著负向影响，即城市地形起伏度越大，城市创新减霾效应越弱。这可能是由于城市地形起伏度越高，相应的经济集聚度以及人口居住密度往往越低，城市空间形态越可能朝低密度、分散化蔓延态势发展，从而不利于城市创新水平的溢出与扩散，降低了对雾霾污染的治理效应。第（4）列显示，风速对城市创新减霾效应产生显著正向影响，即风速越大，城市创新减霾效应越强。风速与雾霾污染物的扩散呈正向关系，与城市居民的主观感受一致，客观上会起到强化城市创新的减霾效应。第（5）列表示城市大气边界层高度对城市创新减霾效应产生显著负向影响，即大气边界层越高，城市创新减霾效应越弱。合理的解释在于，大气边界层内的风速很小，城市大气边界层高度与风速呈负向关系，大气边界层越高，城市雾霾污染物的水平扩散能力越弱，越容易造成局部区域大气污染物的积累；同时城市边界层高度通过加速城市热岛效应的形成，阻碍了人与自然协调可持续发展的宜居城市的建立，对城市创新水平的提升产生负向冲击，从而降低了城市创新对 PM2.5 的负向效应。

3. 其他稳健性检验

前文考察城市创新对雾霾污染的影响时，并未考虑雾霾污染的空间溢出效应。在探究雾霾污染的影响因素时，忽略其在城市间的空间溢出效应会对实证结果产生估计偏误。对此，运用空间面板模型方法再次进行了回归估计，估计结果如表 7-5 第（1）列所示。在考虑空间溢出的情况下，城市创新变量的估计系数依然显著为负，结论具有较好的稳健性。

在估计城市创新对雾霾污染的影响时，如果无法剥离出其他影响雾霾污染政策的干扰，则可能使城市创新的减霾效应被低估或高估。为对这一问题进行更好地识别和解决，对样本期内影响雾霾污染的政策事件进行逐一搜索，结果发现，2008 年国务院进行机构改革，批准成立华北、华东等六大环境保护督察中心，对环境污染施行更为严格的规制。环境保护督察中心的成立对雾霾污染治理会产生显著影响，从而可能使得城市创新的减霾效应被高估。为识别这一影响，在基准回归模型中加入 2008 年这一政策虚拟变量。若加入 2008 年政策虚拟变量后城市创新的影响不显著，则意味着结论不具有稳健性；

若加入 2008 年政策虚拟变量后城市创新变量显著但系数降低，则结果被高估。但高估并不影响结论，反而从侧面表明估计结果的相对稳健性。第（2）列为加入 2008 年政策虚拟变量的实证结果。结果显示，2008 年设立环境保护督察中心的效果显著，有利于改善空气质量。同时，城市创新变量的估计系数依然在 1% 水平下显著，表明城市创新的减霾效应依然存在，结论具有相对稳健性。

表7－5　　　　　　　　　城市创新影响 PM2.5 的稳健性检验

| 被解释变量 | 雾霾污染 | | | | |
|---|---|---|---|---|---|
| | 空间误差 | 固定效应 | 固定效应 | 固定效应 | 固定效应 |
| | （1） | （2） | （3） | （4） | （5） |
| $lncreative$ | － 0.019 ***<br>（0.003） | － 0.031 ***<br>（0.005） | － 0.0349 ***<br>（0.0047） | － 0.0354 ***<br>（0.0048） | － 0.0394 ***<br>（0.0049） |
| $W \times lnpm25$ | 1.550 ***<br>（0.0407） | — | — | — | — |
| $lncreative \times 2008dum$ | — | － 0.0052 *<br>（0.0028） | — | — | — |
| 控制变量 | 是 | 是 | 是 | 是 | 是 |
| 城市固定效应 | 是 | 是 | 是 | 是 | 是 |
| 年份固定效应 | 是 | 是 | 是 | 是 | 是 |
| 样本量 | 4320 | 4113 | 4113 | 3855 | 3984 |
| $R^2$ | 0.5497 | 0.471 | 0.471 | 0.413 | 0.469 |

注：括号内为标准误。*** 、** 、* 分别表示在 1%、5%、10% 水平条件下显著；控制变量同表 7－2。
资料来源：笔者自制。

本章还将城市创新指数进行差分求得的创新指数的增长率作为替代性指标，再次进行实证检验，结果如表 7－5 第（3）列所示。可以发现，城市创新变量的估计系数仍显著为负。考虑到当期雾霾污染不会对历史城市创新水平产生影响，为缓解反向因果偏误，将城市创新指数滞后一期，估计结果如第（4）列所示。可以看出，城市创新对雾霾污染的负向影响仍然显著。进一步地，为避免城市创新指数的极端异常值对实证结果的影响，第（5）列为在第1和第99百分位对城市创新指数执行双侧截尾处理后的样本估计结果。可以看出，城市创新减霾效应依然存在。

### 7.4.3 异质性分析

对具有异质性特征的城市而言，城市创新的减霾效应是否存在差异性？本章分别在考虑城市规模、城市地理区位、城市政治地位、城市人力资本差异、城市财力支持差异、城市基础设施差异以及是否为政策试点城市等异质性特征下，实证检验城市创新对雾霾污染的影响。

1. 城市外在区位的异质性分析

表7-6第（1）列和第（2）列是在考虑城市规模异质性下，将研究样本划分为小规模城市和中等规模以上城市的回归结果①。回归结果显示，城市创新对小规模城市的减霾效应并不显著，而对中等规模以上城市的减霾效应显著。可能的原因在于，小规模城市的经济发展水平通常较低，城市创新水平提升仍以GDP为导向，而非绿色技术创新。相较于小城市，中等及以上规模城市的经济基础相对雄厚，能为提升城市创新水平提供扎实的资金基础；同时大城市的产业集聚程度更高，为创新的溢出效应创造有利的客观条件，进而通过提升工业能源利用效率以及污染排放物的治理效率，使城市创新对中等及以上规模城市的减霾效应更为显著。

---

① 按照《国务院关于调整城市规模划分标准的通知》，以城区常住人口为统计口径，将城区常住人口50万人以下的城市为小城市；城区常住人口50万人以上100万人以下的城市为中等城市；城区常住人口100万人以上500万人以下的城市为大城市；城区常住人口500万人以上1000万人以下的城市为特大城市；城区常住人口1000万人以上的城市为超大城市。

表 7 – 6　　　　　　　　　　城市外在区位的异质性分析

| 被解释变量 | 雾霾污染 | | | | | |
|---|---|---|---|---|---|---|
| | 城市规模 | | 集中供暖 | | 政治地位 | |
| | 固定效应 | 固定效应 | 固定效应 | 固定效应 | 固定效应 | 固定效应 |
| | （1） | （2） | （3） | （4） | （5） | （6） |
| | 小规模 | 中等以上规模 | 北方 | 南方 | 省会 | 非省会 |
| lncreative | −0.0028<br>(0.0123) | −0.0426***<br>(0.0052) | −0.0292***<br>(0.0089) | 0.0028<br>(0.0053) | −0.0061<br>(0.0205) | −0.0361***<br>(0.0049) |
| 控制变量 | 是 | 是 | 是 | 是 | 是 | 是 |
| 城市固定效应 | 是 | 是 | 是 | 是 | 是 | 是 |
| 年份固定效应 | 是 | 是 | 是 | 是 | 是 | 是 |
| 样本量 | 479 | 3634 | 1802 | 2311 | 531 | 3582 |
| $R^2$ | 0.460 | 0.493 | 0.561 | 0.578 | 0.462 | 0.476 |

注：括号内为标准误。*** 、** 、* 分别表示在1%、5%、10%水平条件下显著；控制变量同表7 – 2。
资料来源：笔者自制。

冬季集中供暖政策并非造成雾霾污染的根本性因素，但也不容忽视。鉴于此，对城市创新对"秦岭 – 淮河"一线两侧 PM2.5 的影响进行异质性分析，第（3）列和第（4）列分别为冬季集中供暖的北方城市样本与不供暖的南方城市样本的回归结果。可以发现，城市创新对北方供暖城市的 PM2.5 存在显著负向影响，而对非集中供暖的南方城市则不显著，存在明显的南北方差异。同时，中国的重工业相对集聚于北方地区，这些重工业对空气污染影响较大（黄寿峰，2017）；加之北方存在低温、干燥等气候特征，使得雾霾污染的扩散条件弱于南方，因此城市创新水平提升对 PM2.5 污染的边际影响较大。南方城市空气质量相对较高，环境规制更为严格且经济相对发达，主要依靠第三产业的发展来带动城市创新水平的提升，因此城市创新对 PM2.5 的边际影响较小。

不同政治地位的城市，其创新水平对 PM2.5 的影响是否也存在差异？表7 – 6第（5）列为省会城市样本，第（6）列为非省会城市样本，回归结果显示，城市创新对非省会城市的雾霾污染具有显著的降低作用，而对省会城市雾霾污染的影响则不显著。政府财政在环境公共产品方面的支出比重较低，生产性创新仍是城市创新行为的主流，在此背景下，城市创新水平的提升在样本期内对雾霾污染的降低作用尤为有限。第二产业在大多数非省会城市的产业结构中仍占据较大比重，工业污染排放量较大；同时非省会城市的环境规制力度通常弱于省会城市，因此城市创新的边际减霾效应更为显著。

2. 城市内在禀赋的异质性分析

城市创新减霾效应的发挥离不开城市人力资本、金融发展和基础设施的支持。对此，在考虑城市人力资本、金融发展以及基础设施差异性的情境下进行了实证检验。简单而言，以城市中每万大学生数作为人力资本水平的衡量指标，将样本城市分别划分为高、低人力资本城市；以金融发展规模作为城市金融发展水平的界定指标；选取城市人均道路面积作为城市基础设施的划分依据。

观察表7-7第（1）列至第（6）列的回归结果，高人力资本城市、高金融发展水平城市和高基础设施城市的城市创新均有利于减少雾霾污染，而低人力资本城市、低金融发展水平城市和低基础设施城市则并不显著。可能的原因在于以下几个方面。第一，城市创新离不开强大的人力资本支持，在一个具有较高人力资本水平的城市中，更便于开展技术导向型的生产活动，进而使得城市创新水平得以大幅提升，因此减霾效应也相对较强。第二，城市创新系统本质上即为一个投入产出系统，研发资金、生产技术等创新资源的投入是提升城市创新水平的重要推力。因此，城市的金融发展水平越高，在提升城市创新水平方面能提供的资金就越充裕，减霾效应更为显著。第三，完善的基础设施有利于营造良好的创新氛围，为城市创新提供了坚实的物质保障，能有效加速知识、资本和劳动力等要素在城市内部以及城市间的流动与扩散，成为创新产出的有力支撑，进而充分发挥城市创新的减霾效应。

表 7 − 7　　　　　　　　　　城市内在禀赋的异质性分析

| 被解释变量 | 雾霾污染 | | | | | |
|---|---|---|---|---|---|---|
| | 人力资本 | | 金融发展 | | 基础设施 | |
| | 固定效应 | 固定效应 | 固定效应 | 固定效应 | 固定效应 | 固定效应 |
| | （1） | （2） | （3） | （4） | （5） | （6） |
| | 高水平 | 低水平 | 高水平 | 低水平 | 高水平 | 低水平 |
| lncreative | − 0. 0413 *** | − 0. 0206 * | − 0. 042 *** | 0. 0041 | − 0. 0363 *** | − 0. 0187 |
| | （0. 0058） | （0. 0114） | （0. 0057） | （0. 0126） | （0. 0057） | （0. 0116） |
| 控制变量 | 是 | 是 | 是 | 是 | 是 | 是 |
| 城市固定效应 | 是 | 是 | 是 | 是 | 是 | 是 |
| 年份固定效应 | 是 | 是 | 是 | 是 | 是 | 是 |
| 样本量 | 2867 | 1246 | 2951 | 1162 | 2845 | 1268 |
| $R^2$ | 0. 438 | 0. 464 | 0. 511 | 0. 387 | 0. 428 | 0. 503 |

　　注：括号内为标准误。 *** 、 ** 、 * 分别表示在 1% 、 5% 、 10% 水平条件下显著；控制变量同表 7 − 2。
　　资料来源：笔者自制。

## 7.4.4　传导渠道分析

　　前文的实证分析表明，城市创新水平的提升有利于减少雾霾污染，并且该结论呈现出较好的稳健性。下面，将以城市人均工业用电量、第三产业增加值和城市人口密度作为机制变量，运用逐步回归模型，考察城市创新引致的技术升级效应、结构优化效应及资源配置效应对雾霾污染的作用路径。表 7 − 8 第（1）列为未纳入影响因子的基准回归结果，这与表 7 − 2 中第（5）列的结论是一致的，即城市创新会显著降低雾霾污染。第（2）列至第（3）列为对"城市创新 − 节能降耗 − 雾霾污染"的技术升级效应检验结果。第（2）列说明，在 1% 的显著性水平下，工业能耗随着城市创新水平的提升而显著降低。第（3）列的实证结果表明，工业能耗与城市雾霾污染存在正向关系。因此，提升城市创新水平降低了工业能源消耗，进而也降低了由能源消耗所引发的雾霾污染，即城市创新引致的技术升级效应减少了雾霾污染。

表 7 – 8                城市创新影响 PM2.5 的影响机制检验

| 被解释变量 | 雾霾污染 | 城市人均工业用电量 | 雾霾污染 | 第三产业增加值 | 雾霾污染 | 城市人口密度 | 雾霾污染 |
|---|---|---|---|---|---|---|---|
| | 未纳入机制变量 | 技术升级效应 | | 结构优化效应 | | 资源配置效应 | |
| | 固定效应 | 固定效应 | 固定效应 | 固定效应 | 固定效应 | 固定效应 | 固定效应 |
| | (1) | (2) | (3) | (4) | (5) | (6) | (7) |
| lncreative | −0.0349 *** (0.0047) | −0.0006 *** (0.0001) | — | 0.0743 *** (0.0195) | — | 0.0377 *** (0.0073) | — |
| perelect | — | — | 2.1599 *** (0.8328) | — | — | — | — |
| lnstr | — | — | — | — | −0.0136 *** (0.0042) | — | — |
| lnpopdens | — | — | — | — | — | — | −0.0712 *** (0.0103) |
| 控制变量 | 是 | 是 | 是 | 是 | 是 | 是 | 是 |
| 城市固定效应 | 是 | 是 | 是 | 是 | 是 | 是 | 是 |
| 年份固定效应 | 是 | 是 | 是 | 是 | 是 | 是 | 是 |
| 样本量 | 4113 | 3537 | 3541 | 3798 | 3803 | 4096 | 4101 |
| $R^2$ | 0.471 | 0.595 | 0.320 | 0.692 | 0.410 | 0.486 | 0.474 |

注：括号内为标准误。 *** 、 ** 、 * 分别表示在1%、5%、10%水平条件下显著；控制变量同表 7 – 2。

资料来源：笔者自制。

第（4）列和第（5）列为"城市创新 – 新兴产业发展 – 雾霾污染"的结构优化效应检验结果。由第（4）列的实证结果可知，城市创新水平显著增加了第三产业增加值，促进了城市产业结构的优化。同时第（5）列的回归结果表明，产业转型升级对雾霾污染也有显著的降低作用，即城市创新引致的结构优化效应减少了雾霾污染。在"城市创新－城市资源集聚－雾霾污染"的资源配置效应检验结果中，第（6）列的估计结果显示，城市创新对人口密度的提升作用在 1% 的水平下显著，促进了城市人力资本集聚水平的增长，降低了城市空间扩张。第（7）列的实证结果显示，集聚效应的空间溢出有利于减少城市空间扩张带来的雾霾污染，即城市创新存在资源集聚效应，可以通过提高城市人口密度减少雾霾污染。

## 7.5
# 拓展性分析

### 7.5.1　城市创新影响雾霾污染的门槛效应

城市创新的减霾效应是否存在门槛，即城市创新水平是否必须高于某个门槛值后，才能减少雾霾污染？鉴于此，以城市创新为门槛变量，运用门槛模型进行了拓展性分析。首先进行门槛效应检验，检验结果如表 7 - 9 所示，可以看到，单一门槛模型在 5% 的显著性水平下显著，即城市创新的减霾效应存在门槛效应。

表 7 - 9　　　　　　　　　　　门槛效应检验结果

| 门槛变量 | 门槛类型 | F 值 | P 值 | 10% 显著性水平下的临界值 | 5% 显著性水平下的临界值 | 1% 显著性水平下的临界值 |
|---|---|---|---|---|---|---|
| *lncreative* | 单一门槛 | 72.794 ** | 0.043 | 65.902 | 72.352 | 87.771 |
| | 双重门槛 | 5.803 | 0.333 | 10.993 | 13.806 | 18.708 |
| | 三重门槛 | 0.000 | 0.125 | 0.000 | 0.000 | 0.000 |

注：***、**、* 分别表示在 1%、5%、10% 水平条件下显著。
资料来源：笔者自制。

基于此，构建方程如下。

$$\ln PM_{2.5it} = \delta_0 + \delta_1 \ln creative_{it} P(\ln creative \leqslant r)$$
$$+ \delta_2 creative_{it} P(\ln creative > r) + \delta_3 X_{it} + \eta_i + \varphi_t + \varepsilon_{it} \qquad (7-2)$$

其中，$P(\cdot)$ 为示性函数，$r$ 为城市创新水平的门槛估计值。运行结果显示，当城市创新水平作为门槛变量时，由样本数据内生决定的门槛估计值为 -2.592，95% 置信区间为 [-2.659, -2.408]，门槛值位于置信区间内，表明门槛估计值通过了 5% 显著性水平下的 LR 检验。

观察表 7-10 第 (1) 列可以看出，当城市创新水平低于门槛值 -2.592 时，城市创新对雾霾污染的影响并不显著；当城市创新水平高于门槛值后，城市创新则在 1% 水平下显著，能够降低雾霾污染。为进一步检验该结论，以 -2.592 为界，将研究样本划分为低创新水平城市与高创新水平城市分别进行回归，实证结果如第 (2) 列和第 (3) 列所示。可以发现，当且仅当城市创新水平高于门槛值时，才会对雾霾污染产生负向影响。一般而言，城市创新水平较低，一定程度上意味着城市经济发展水平较差，在技术创新方面可能更关注于如何扩大城市经济规模，实现城市经济产值的最大化，而不注重绿色环保技术的研发应用和推广，进而不利于改善城市空气质量。当城市创新水平越过门槛值时，一定意义上反映了城市发展状况良好，居民生活水平较高，对居住环境提出了更高的要求；同时政府财政运转状况良好，有能力为治理雾霾污染提供充裕的资金支持，因而城市创新减霾效应显著。

表 7-10　　　　　城市创新影响 PM2.5 的门槛效应分析

| 被解释变量 | 雾霾污染 | | |
| --- | --- | --- | --- |
| | 固定效应 | 固定效应 | 固定效应 |
| | (1) | (2) | (3) |
| lncreative | — | -0.0041<br>(-0.19) | -0.0421***<br>(-8.07) |
| lncreative ≤ -2.592 | 0.0127<br>(1.58) | — | — |

续表

| 被解释变量 | 雾霾污染 | | |
|---|---|---|---|
| | 固定效应 | 固定效应 | 固定效应 |
| | （1） | （2） | （3） |
| lncreative > −2.592 | −0.0218 *** <br> （−3.41） | — | — |
| 控制变量 | 是 | 是 | 是 |
| 城市固定效应 | 是 | 是 | 是 |
| 年份固定效应 | 是 | 是 | 是 |
| 样本量 | 4113 | 433 | 3680 |
| $R^2$ | 0.310 | 0.412 | 0.456 |

注：括号内为标准误。 *** 、 ** 、 * 分别表示在 1% 、5% 、10% 水平条件下显著；控制变量同表 7 − 2。
资料来源：笔者自制。

## 7.5.2　产业创新对雾霾污染的影响

在上述研究的基础上，本章进一步思考，是否城市内部所有产业创新水平的提升都会降低雾霾污染呢？基于样本城市的产业创新指数①，将所有产业划分为第一产业、第二产业和第三产业②进行检验，实证结果分别如表 7 − 11 第（1）列至第（3）列所示。可以发现，在三大产业中，第二产业创新水平提升的减霾效应要显著高于第三产业，而第一产业则无显著影响。原因可能在于 2001 ~ 2016 年，中国制造业创新指数占所有行业的比例高达 87% ~ 95%；2016 年创新指数排名前 10 位的二位码行业中，有 7 个行业属于第二产业。因此，提升第二产业的创新水平能通过推动清洁生产技术的推广降低制造业企业的生产能耗，提高能源利用率，进而降低城市雾霾污染。

---

① 其中各城市历年的产业创新指数来自《中国城市和产业创新力报告 2017》。
② 根据中国历次的国民经济行业调整，本文产业依据 2011 版的国民经济行业代码（GB4754 − 2011）划分。

表 7-11 城市产业创新对 PM2.5 的影响

| 被解释变量 | 雾霾污染 | | | | | | | |
|---|---|---|---|---|---|---|---|---|
| | 固定效应 | 固定效应 | 固定效应 | 固定效应 | 固定效应 | 固定效应 | 固定效应 | 固定效应 |
| | (1) | (2) | (3) | (4) | (5) | (6) | (7) | (8) |
| | 第一产业 | 第二产业 | 第三产业 | 劳动力密集型 | 资本密集型 | 技术密集型 | 重工业 | 轻工业 |
| Increative | -0.0006 (0.0009) | -0.0014*** (0.0002) | -0.0012* (0.0007) | -0.0028*** (0.0005) | -0.0015*** (0.0004) | -0.0025*** (0.0004) | -0.0011*** (0.0003) | -0.0020*** (0.0003) |
| 控制变量 | 是 | 是 | 是 | 是 | 是 | 是 | 是 | 是 |
| 城市固定效应 | 是 | 是 | 是 | 是 | 是 | 是 | 是 | 是 |
| 年份固定效应 | 是 | 是 | 是 | 是 | 是 | 是 | 是 | 是 |
| 样本量 | 6264 | 94574 | 10479 | 20910 | 31628 | 28524 | 36309 | 45188 |
| $R^2$ | 0.954 | 0.951 | 0.953 | 0.953 | 0.951 | 0.950 | 0.951 | 0.952 |

注：括号内为标准误。***、**、*分别表示在1%、5%、10%水平条件下显著；控制变量同表7-2。

资料来源：笔者自制。

按照产业要素密集度的不同，进一步将制造业归类为劳动力、资本以及技术密集型三大类行业再次进行回归分析，估计结果分别如第（4）列至第（6）列所示。可以看出，不同类型的制造业行业创新水平的提升均有利于降低所在城市的 PM2.5 水平。本章还将工业行业划分为重工业与轻工业进行实证检验，结果如第（7）列和第（8）列所示。可以看出，不同类型的制造业创新水平的提升均有利于降低雾霾污染。

### 7.5.3 城市创新对雾霾污染的调节效应

为验证不同创新驱动力与城市空间发展模式对城市创新减霾效应的调节程度，将城市划分为技术创新型城市和制度创新型城市，并分别选取教育与科学技术支出占财政总支出的比重和以外商直接投资额占 GDP 的比重来衡量。

同时，依据城市空间形态，将样本城市划分为紧凑型城市和蔓延型城市。关于紧凑型城市，选取单位面积的产出强度来衡量。其中，单位面积的产出以城市 GDP 占市辖区内建成区土地面积比重表示。关于蔓延型城市，基于前文计算得到的城市蔓延指数，选用 2001 年全国城市平均人口密度 4465 人/平方公里作为区分高、低密度城市区域的标准。

调节效应的检验结果如表 7 - 12 所示。观察第（1）列和第（2）列可以看出，技术创新驱动模式能强化城市创新减霾效应，而制度创新驱动模式则会抑制城市创新减霾效应。这可能是因为技术创新通常发生在城市制造业之中，通过生产技术革新促进产业结构优化升级。同时，工业排放是加剧城市雾霾污染的关键因素。因此，工业生产技术的创新会直接提升城市内企业的清洁生产技术，减少企业污染排放量。政策导向的制度创新可能会通过营造良好的企业创新氛围来吸引大量外商直接投资，进而带动城市创新水平的提升。然而，FDI 流入在带来先进生产技术的同时，也可能产生"污染避难所"效应，从而加剧城市雾霾污染，降低城市创新减霾效应。

表 7 - 12　　　　　　　　　　　　　调节效应检验

| 被解释变量 | 雾霾污染 | | | |
|---|---|---|---|---|
| | 技术创新型 | 制度创新型 | 紧凑集约型 | 蔓延扩张型 |
| | 固定效应 | 固定效应 | 固定效应 | 固定效应 |
| | （1） | （2） | （3） | （4） |
| $lncreative$ | - 0. 0222 *** <br> （0. 0068） | - 0. 0381 *** <br> （0. 0050） | - 0. 0292 *** <br> （0. 0050） | - 0. 0513 *** <br> （0. 0103） |
| $technology \times lncreative$ | - 0. 0566 ** <br> （0. 0227） | — | — | — |
| $system \times lncreative$ | — | 0. 6473 * <br> （0. 3348） | — | — |
| $intensity \times lncreative$ | — | — | - 0. 0004 *** <br> （0. 0001） | — |
| $sprawl \times lncreative$ | — | — | — | 0. 0368 * <br> （0. 0188） |

| 被解释变量 | 雾霾污染 | | | |
|---|---|---|---|---|
| | 技术创新型 | 制度创新型 | 紧凑集约型 | 蔓延扩张型 |
| | 固定效应 | 固定效应 | 固定效应 | 固定效应 |
| | （1） | （2） | （3） | （4） |
| 控制变量 | 是 | 是 | 是 | 是 |
| 城市固定效应 | 是 | 是 | 是 | 是 |
| 年份固定效应 | 是 | 是 | 是 | 是 |
| 样本量 | 4110 | 4113 | 4090 | 4041 |
| $R^2$ | 0.471 | 0.471 | 0.478 | 0.324 |

注：括号内为标准误。*** 、** 、* 分别表示在1%、5%、10%水平条件下显著；控制变量同表7-2。

资料来源：笔者自制。

表7-12第（3）列和第（4）列分别为紧凑集约型与蔓延扩张型城市发展模式下城市创新对雾霾污染的影响。可以发现，城市创新的减霾效应受不同城市发展模式的影响，且紧凑集约型发展模式利于强化城市创新的减霾效应，而蔓延扩张型发展模式则会对城市创新减霾效应产生抑制作用。可能的原因在于，紧凑集约型城市发展模式可以通过提高城市基础设施的共享率促使城市公共设施在空间上更为接近供需平衡点（郑思齐和霍燚，2010），进而使得污染治理的规模效应得以发挥，有利于整体空气质量的改善。蔓延扩张型的发展模式使得城市内部空间结构趋于分散，一方面不利于发挥共享经济与集聚经济的优势，另一方面，居民倾向于选择依赖私家车来满足通勤距离延长所引致的需求，导致更多汽车尾气排放，带来严重的空气污染。

## 7.6

# 本 章 小 结

实施城市创新驱动发展战略，打赢蓝天保卫战，是对生态文明领域统筹协调机制的不断完善，也是贯彻新发展理念，治理城市空间扩张引致的生态环境问题，促进工业化、城市化、信息化"三化融合"的最好实践。本章聚焦城市创新和雾霾污染的关系，从理论和实证层面指出城市创新对雾霾污染的影响及作用渠道，为我国经济转向高质量发展阶段与"美丽中国"目标的实现提供了重要的经验支持。研究结论显示，城市创新水平的提升有利于降低城市空间扩张过程中的雾霾污染，即城市创新具有显著的减霾效应。同时，城市创新的减霾效应对中等以上规模城市、北方供暖城市、非省会城市、高人力资本水平城市、高金融发展水平城市、高基础设施水平城市更为显著。此外，第二产业创新水平提升的减霾效应要显著高于第三产业。进一步的传导机制发现，城市创新引致的技术升级效应、结构优化效应及资源集聚效应是减少雾霾污染的重要渠道。拓展性分析还表明，城市创新水平存在门槛效应，当其越过门槛值之后，才会产生减霾效应。技术驱动型与紧凑集约型城市发展模式能强化创新的减霾效应，而制度创新型与蔓延扩张型城市发展模式则会抑制创新的减霾效应。

　　本章理论与实证分析所得出的结论对于践行新发展理念、持续提升城市创新水平、提高城市空间扩张过程中的环境绩效并最终实现城市经济高质量发展具有重要的启示。第一，政府应设立具有"正面清单"性质的雾霾污染环境规制和环境审批制度。具体而言，应持续完善针对雾霾污染的特定性制度，通过环境规制约束内外资企业的污染排放行为，进而促使城市提升绿色技术创新水平。除此之外，城市间应积极沟通交流，加强协作治理，建立统一的联防联控、执法监察以及预警应急机制，进而更高效地改善各城市扩张进程中的空气质量。第二，推动建立健全以节能降耗为主的市场化工作机制，强化企业在节能降耗中的主体作用。在完善制定各项节能减排相关制度政策的同时，积极向企业推广绿色节能与创新技术，提高环保产品供给能力，引导企业进行技术研发和引进，淘汰高耗能设备，在实现城市创新水平提升的同时，降低能源消耗。第三，加大对高新技术行业的扶持力度，为传统行业注入新的技术活力，持续推动产业结构优化升级，发展现代服务业。各城市在确保优势产业快速发展的同时，可以积极培育新的经济增长点，因地制宜发展资源节约型与环境友好型的第三产业，进而缓解雾霾污染。在此基础上，提高高耗能高污染行业的市场准入标准，加快淘汰落后产能，大力推动产业高级化和绿色化发展，进而有效提升城市空间扩张的生态环境效益。

# 第 8 章

# 中国城市生态环境问题治理的
# 制度保障：环境立法

第 7 章已从理论与实证层面厘清城市创新和雾霾污染的因果联系，为如何改善城市环境质量提供了实证依据。基于此，本章将从城市环境立法视角切入，探究城市环境立法能否在城市空间扩张的同时为城市生态环境治理提供有效保障。具体而言，拟基于松弛向量度量（dynamic slacks-based measure，DSBM）模型，将测算得到的企业绿色全要素生产率（green total factor productivity，GTFP）作为衡量企业绿色转型的代理变量，并将城市环境立法纳入异质性企业局部均衡分析框架，揭示其影响企业 GTFP 的内在机理。然后，以城市环境立法为准自然实验，运用双重差分模型对上述机制进行多重实证检验，以期得到有意义的结论。

## 8.1
## 引　言

《2020 中国生态环境状况公报》显示，中国生态环境质量虽整体改善，但仍不容乐观。337 个地级及以上城市中，仍有 40.1% 的城市环境空气质量超标，86.4% 的地下水超过 Ⅲ 类水质标准。中国经济已处于结构调整与转型升级的交叉路口，亟须完成由粗放型向生产率支持型发展模式的转变（Huang

L et al.，2016）。而推动发展方式绿色转型，协同推进生态环境高水平保护与经济高质量发展的根本途径在于全面提升绿色全要素生产率（Xie R et al.，2021）。为引导企业绿色转型升级，助推"双碳"远景目标尽早实现，2021年的《政府工作报告》更是将"积极推进环境规制体系建设与完善"列为重点工作任务。环境立法作为命令控制型的环境规制措施，通过颁布规范性法律文件，提升本行政区划内的资源利用以及污染防治，是环境规制中应用最为广泛的手段。自 1979 年颁布的《地方组织法》对地方享有的环境法规制定权做出明确规定后，中国地方环保法律体系逐步健全和完善。截至 2021 年 6月，中国现行有效的地方环境法规共有 1219 件，其中 670 件环境法规的颁布主体为"设区的市"，占比约为 54.60%①，立法内容包括水、大气与固体废弃物的污染防治等各方面，进一步凸显了城市环境立法在现代环境治理体系中的关键地位。

环境污染问题的产生既是"公地悲剧"的频繁上演，也是环境作为典型公共物品的后果之一。环境污染的防治，亟待政府实施积极有效的环境规制政策。其中，推动地方环境立法体系的建设与完善便是最基础和最关键的制度安排。环境立法不仅会影响宏观经济发展以及微观企业的生产决策和贸易行为（Walker W R，2013；Harrison A E et al.，2015；Hancevic P L，2016），也带来生态环境质量的改善（Cole M A et al.，2005；Bao Q et al.，2021）。早期绿色全要素生产率的测算多采用传统数据包络分析方法（DEA），但该方法存在一定的缺陷。DEA 方法需要投入和产出以相同的比例变动且窗口宽度的选择多基于经验选择，存在一定的随意性，第 1 期和最后 1 期的观测值在测算过程中只计算 1 次，而其他期都将参与 2 次计算（Cooper W W et al.，2006）。托恩（Tone K A，2001）提出了单期时期 SBM 模型，并考虑到跨期的存在。SBM 模型属于非角度、非径向效率测算模型，克服了传统 DEA 方法的缺陷（Lv C C et al.，2021），但是该模型无法对多个有效率的生产决策单元进行评价。随后，托恩和实（Tone K and Tsutsui M，2009）又通过引入跨期变量将单时期 SBM 模型扩展为 DSBM 模型。相较于传统 DEA 方法，DSBM

---

① 数据来源于北大法宝，https：//www.pkulaw.com。

模型的优势在于它是依据变量性质设定跨期变量；测算过程不受投入、产出指标度量单位的约束且每一个投入和产出指标在径向上单调递增；测算的绿色全要素生产率是一个动态指标，且具有跨期可比性。

区别于以往研究，本章将城市环境立法纳入异质性企业局部均衡分析框架，从理论层面揭示了城市环境立法影响企业绿色转型升级的内在机理和传导渠道，并基于2001~2012年中国地级及以上城市的经验数据，对环境立法保障城市生态环境治理的影响效应展开实证检验。

8.2

## 理论分析框架与研究假说

本章在夏皮罗和沃克（Shapiro J S and Walker R，2018）的研究框架基础上，将城市环境立法引入异质性企业局部均衡模型，揭示城市环境立法影响企业绿色全要素生产率的理论机制。企业绿色全要素生产率由其内生的研发投资决策决定，企业异质性表现为差异性的研发投资效率。在局部均衡情境下，城市环境立法的实施会同时增加企业生产的固定成本以及市场进入成本。因此，部分企业会退出市场，进而使得存活企业面临的市场竞争强度下降，存活企业预期利润上升，随之存活企业投资增加，从而促进企业绿色全要素生产率提升。

### 8.2.1 模型基本设定

1. 消费与偏好

假定消费者的效用函数满足不变替代弹性函数（CES）形式，消费者效用最大化满足：

$$\max \int_0^V q_v^{\frac{\sigma-1}{\sigma}} dv - E(Z) , \ s.t. \ \int_0^v p_v q_v dv \leqslant Y \qquad (8-1)$$

其中，$v$ 表示一类特定产品，$q_v$ 为产品 $v$ 的消费量，$p_v$ 为其对应的价格，$\sigma$ 为产品间的替代弹性，且满足 $\sigma > 1$，$V$ 为产品总类数，$Y$ 为消费者支出。

企业总污染排放假定为 $Z$，$E(Z)$ 设定为污染带给消费者的负效用，同时 $E(Z)$ 为 $Z$ 的增函数。

依据效用最大化原则求解，产品 $v$ 的等弹性需求函数与价格函数可表示为：

$$q_v = \frac{p_v^{-\sigma}}{P^{1-\sigma}}Y, \quad p_v = \left(\frac{P^{1-\sigma}}{Y}q_v\right)^{-\frac{1}{\sigma}} \qquad (8-2)$$

其中，$P$ 为 CES 价格指数，可以写成：$P = (\int_0^V p_v^{1-\sigma}dv)^{1/(1-\sigma)}$。

由于 $P$ 是对市场竞争激烈程度的重要反映指标，因此本章将内生化 $P$。一般而言，$P$ 的提高意味着竞争厂商的市场定价普遍偏高，或是市场中的竞争厂商数量较少。依据垄断竞争的假定，虽然单个企业在做经济决策时，都将 $P$ 视为是既定的，但实际上 $P$ 为市场内全部存活企业定价行为的加总。

2. 生产与成本

假定企业作为一个统一体仅生产一种特定产品 $v$，且企业每增加 $q_v$ 单位的产出，需要对应地投入 $m_v$ 单位的中间产品，即 $m_v = q_v^2/\delta_v$。其中，$\delta_v$ 表示企业绿色全要素生产率。企业自行生产中间投入品，且 1 单位劳动力的投入对应得到 1 单位的中间品产出。企业生产 $v$ 产品的劳动力投入总量假定为 $l_v$，其中投入到减排和生产活动中的劳动份额分别为 $\eta_v$ 和 $1-\eta_v$，此时 $m_v$ 单位中间品产出需要的劳动力投入量为 $(1-\eta_v)l_v$。依据科普兰和泰勒（Copeland B R and Taylor M S, 2003）的假设，将污染作为企业生产过程中产生的副产品[①]，污染排放量（$Z_v$）与投入到减排活动中的劳动力数量满足关系式 $z_v = (1-\eta_v)^{1/\alpha}l_v$，其中，$\alpha(0 < \alpha < 1)$ 为企业污染排放对投入减排劳动力数量的弹性。企业为减排所投入的资源越多，排放的污染就越少。基于此式，将 $m_v$ 单位中间品产出所投入的劳动力变换为 $z_v^{\alpha}l_v^{1-\alpha}$。

假定政府对每单位企业排放的污染物征收 $\tau$ 单位的排污费[②]。依据成本最小化原则，企业的成本最小化问题可转化为选择 $z$ 和 $l$，使 1 单位中间品的产

---

[①]　虽然假设污染是伴随企业生产的副产品，但在数学上，仍可以将企业的产出等价视为劳动和污染两种投入品实现。

[②]　将劳动力作为计价物，其价格（即工资）标准化为 1，则污染的"价格"为 $\tau$（$\tau$ 单位劳动力 ×1）。

出成本（$w$）最小：

$$\min \tau z + l, \quad s.\,t. \quad z^{\alpha} l^{1-\alpha} = 1 \tag{8-3}$$

在成本最小的情况下，企业单位中间品成本支出为 $\omega = \beta \tau^{\alpha}$，其中常数 $\beta = \alpha^{-\alpha}(1-\alpha)^{\alpha-1}$。由此企业在中间投入品方面产生的总成本为 $\omega q_v^2 / g_v$。同时，生产单位中间品需要的劳动力投入数量（$l_0$）为：$l_0 = \omega(1-\alpha) = [(1-\alpha)/\alpha]^{\alpha} \tau^{\alpha}$。

3. 投资与企业绿色全要素生产率

企业绿色全要素生产率 $\delta_v$ 由其内生的投资决策决定，企业异质性表现为投资成本的差异性。假定企业单位投资成本为 $\lambda$，$\lambda$ 越大等同于企业投资效率越低，即企业投资效率可表示为 $1/\lambda$。因此，当企业为达到 $\delta$ 水平的绿色全要素生产率时，需支付 $\lambda\delta$ 的投资成本。

假定企业在生产最终品过程中，除了中间投入还需支付固定成本 $f$。基于上述假设，企业利润最大化问题可以表示为：

$$\max p_v q_v - \frac{\omega q_v^2}{\delta_v} - \lambda \delta_v - f = \max \left(\frac{Y}{P^{1-\sigma}}\right)^{\frac{1}{\sigma}} q_v^{1-\frac{1}{\sigma}} - \lambda \delta_v - f \tag{8-4}$$

其中，$p_v q_v$ 为企业产品销售收入，$\omega q_v^2 / \delta_v$ 为中间品投入成本，$\lambda\delta_v$ 反映企业为提高绿色全要素生产率而支付的相应投资成本，$f$ 为固定成本支出。对式（8-4）中的 $q_v$ 和 $\delta_v$ 一阶求导，可得：

$$\left(1-\frac{1}{\sigma}\right)\left(\frac{Y}{P^{1-\sigma}}\right)^{\frac{1}{\sigma}} q_v^{-\frac{1}{\sigma}} = \frac{2\omega q_v}{\delta_v}, \quad \frac{\omega q_v^2}{\delta_v^2} = \lambda \tag{8-5}$$

## 8.2.2 异质性企业局部均衡模型

本章沿用梅里兹（Melitz M J, 2003）的时序设定，假设企业进入市场需支付固定的市场进入成本 $F$，支付市场进入成本后，企业将随机从一个分布 $G(\lambda)$ 中获取其投资成本参数 $\lambda$，由此决定留在市场或是退出市场。如果留下，企业再进一步开展投资和生产决策。

由一阶条件式（8-5）给出企业最优决策，求解得到企业的最优产量以及绿色全要素生产率：

$$q_v = \left( \frac{\sigma - 1}{2\sigma} \right)^\sigma \frac{Y}{P^{1-\sigma}} \frac{1}{(\sqrt{\omega})^\sigma} \frac{1}{(\sqrt{\lambda})^\sigma}, \quad \delta_v = \left( \frac{\sigma - 1}{2\sigma} \right)^\sigma \frac{Y}{P^{1-\sigma}} \frac{1}{(\sqrt{\omega})^{\sigma-1}} \frac{1}{(\sqrt{\lambda})^{\sigma+1}}$$

$$(8-6)$$

因此，企业最优产品定价、对应的收入与利润函数分别为：

$$p_v = \left( \frac{2\sigma}{\sigma - 1} \right) \sqrt{\omega} \sqrt{\lambda}, \quad r_v = p_v q_v = \left( \frac{\sigma - 1}{2\sigma} \right)^{\sigma-1} \frac{Y}{P^{1-\sigma}} \frac{1}{(\sqrt{\omega})^{\sigma-1}} \frac{1}{(\sqrt{\lambda})^{\sigma-1}} \quad (8-7)$$

$$\pi_v = p_v q_v - \frac{\omega q_v^2}{\delta_v} - \lambda \delta_v - f = \frac{1}{\sigma} \left( \frac{\sigma - 1}{2\sigma} \right)^{\sigma-1} \frac{Y}{P^{1-\sigma}} \frac{1}{(\sqrt{\omega})^{\sigma-1}} \frac{1}{(\sqrt{\lambda})^{\sigma-1}} - f$$

$$(8-8)$$

在企业进入市场后，仅具有非负经营利润的企业才能存活。将企业单位投资成本的临界值设定为 $\bar{\lambda}$，满足 $\pi_v(\bar{\lambda}) = 0$。由于 $\pi_v(\lambda)$ 是 $\lambda$ 的减函数，因此仅当企业的投资成本低于市场投资成本的临界值时，即满足 $\lambda \leqslant \bar{\lambda}$ 的条件下，企业才能存活。具有更高投资成本的企业在进入市场后，如不足以应对生产成本压力，将直接退出市场。

假定市场结构为自由进入退出的垄断竞争结构，自由进入退出条件意味着企业预期利润与市场进入成本相等，即企业在进入之前的预期利润为 $0 : \int_0^{\bar{\lambda}} \pi(\lambda) dG(\lambda) = F$。

### 8.2.3　城市环境立法的环境效应

假定城市环境立法实施会导致企业污染物排放标准提升。这意味着企业为了生存需要通过生产设备升级等方式适应新的排放标准。此时，模型中的固定成本（$f$）提高。同时，还会使得地方政府加大企业进入市场的事前审核力度，提高准入门槛，使模型中的进入成本（$F$）提高。本章将对这两种影响情形展开分析，进一步论证城市环境立法对企业利润和绿色全要素生产率的影响。

城市环境立法实施导致企业污染物排放标准提高，随后市场中的企业数量发生变化。因此，$CES$ 价格指数（$P$）也会改变，进而对企业利润、投资决策、绿色全要素生产率等产生影响。

为简化分析，将价格指数写成：$P = V^{1/(1-\sigma)} p_v(\tilde{\lambda})$，其中，$\tilde{\lambda}$ 为存活企业的单位投资成本均值：

$$\tilde{\lambda} = \left( \int_0^\infty \lambda^{\frac{1-\sigma}{2}} \varphi(\lambda) d\lambda \right)^{\frac{2}{1-\sigma}} \quad (8-9)$$

$\varphi(\lambda)$ 是投资成本，为 $\lambda$ 的企业密度函数。假定 $G(\lambda)$ 为 $\lambda$ 的分布函数，且仅当企业满足 $\lambda < \bar{\lambda}$ 时，才能在市场中存活，由此可得：

$$\varphi(\lambda) = \begin{cases} \dfrac{g(\lambda)}{G(\bar{\lambda})}, & \lambda \leq \bar{\lambda} \\ 0, & \lambda > \bar{\lambda} \end{cases} \quad (8-10)$$

其中，$g(\lambda)$ 为 $G(\lambda)$ 对应的密度函数，$\tilde{\lambda}$ 可表示为：

$$\tilde{\lambda} = \left( \frac{1}{G(\bar{\lambda})} \int_0^\infty \lambda^{\frac{1-\sigma}{2}} g(\lambda) d\lambda \right)^{\frac{2}{1-\sigma}} \quad (8-11)$$

依据式（8-7）和式（8-8），将 $\tilde{r}$ 与 $\tilde{\pi}$ 分别定义为存活企业的平均收益与平均利润，则 $\tilde{r}$ 与 $\tilde{\pi}$ 可以表示为：

$$\tilde{r} = r_v(\tilde{\lambda}) = \left( \frac{\sqrt{\bar{\lambda}}}{\sqrt{\tilde{\lambda}}} \right)^{\sigma-1} r_v(\bar{\lambda}), \quad \tilde{\pi} = \pi_v(\tilde{\lambda}) = \frac{1}{\sigma} r_v(\bar{\lambda}) - f \quad (8-12)$$

对于存活企业，其生产利润为零，相应的单位投资成本为 $\bar{\lambda}$，满足下述零利润条件（$ZP$）：$\pi_v(\bar{\lambda}) = 1/\sigma r_v(\bar{\lambda}) - f = 0$，等价于 $r_v(\bar{\lambda}) = \sigma f$。因此，存活企业的平均利润 $\tilde{\pi}$ 可以表示为：

$$\tilde{\pi} = \frac{1}{\sigma} \left( \frac{\sqrt{\bar{\lambda}}}{\sqrt{\tilde{\lambda}}} \right)^{\sigma-1} r_v(\bar{\lambda}) - f = f \left( \frac{\sqrt{\bar{\lambda}}}{\sqrt{\tilde{\lambda}}} \right)^{\sigma-1} - f \quad (8-13)$$

由式（8-13）可知，存活企业的平均利润是关于 $\bar{\lambda}$ 的函数。第二个均衡条件为企业可以自由进入退出市场（$FE$），当实现局部均衡时，企业在进入市场之前的预期利润等于市场进入成本，即：

$$\int_0^{\bar{\lambda}} \pi(\lambda) dG(\lambda) = \tilde{\pi} G(\bar{\lambda}) = F \quad (8-14)$$

式（8-14）为存活企业平均利润与 $\bar{\lambda}$ 间的第二个均衡关系。因此，基于式（8-13）和式（8-14）的零利润以及自由进入退出条件，可以求解出 $\bar{\lambda}$。式（8-13）和式（8-14）可进一步表示为：

$$\tilde{\pi} = f\left(\frac{\sqrt{\bar{\lambda}}}{\sqrt{\bar{\lambda}}}\right)^{\sigma-1} - f \quad (ZP) \tag{8-15}$$

$$\tilde{\pi} = \frac{F}{G(\bar{\lambda})} \quad (FE) \tag{8-16}$$

1. 固定成本（$f$）上升的影响

本章将式（8-15）和式（8-16）的两个均衡条件以图8-1的形式呈现。如图8-1所示，当企业的固定成本上升时，曲线 $ZP$ 在向上移动的同时，斜率也会增大。假定 $ZP$ 向上移动至 $ZP'$，在局部均衡状态下，可以直观看出均衡点由 $A$ 移动至 $B$，处于临界值的单位投资成本由 $\bar{\lambda}_1$ 下降至 $\bar{\lambda}_2$，企业的平均利润则从 $\tilde{\pi}_1$ 上升至 $\tilde{\pi}_2$，这意味着由于部分企业因环境立法的影响而退出市场，市场竞争程度得以降低。

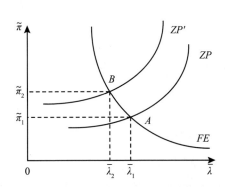

**图8-1　企业固定成本 $f$ 上升对局部均衡状态的影响**

资料来源：笔者自制。

短期内企业成本上升会放大环境立法引致的成本提升效应，从而促使企业提升产品定价，最终导致 CES 价格指数 P 上涨，使得市场中存活企业预期利润上升。

鉴于预期利润的增加，企业会相应加大在创新研发等方面的投资力度，从而促进企业 GTFP 提升。

2. 进入成本（$F$）上升时的影响

图8-2为企业进入成本上升时对局部均衡的影响。当 $F$ 增大时，会引致

曲线 $FE$ 向上移动至 $FE'$。可以发现，在新的局部均衡状态下，均衡点由 $C$ 移动至 $D$，处于临界值的单位投资成本由 $\bar{\lambda}_3$ 提高至 $\bar{\lambda}_4$，企业的平均利润从 $\tilde{\pi}_3$ 上升至 $\tilde{\pi}_4$，说明即使城市环境立法实施使得市场准入门槛提高，导致部分企业无法进入市场，但是一旦突破进入成本门槛，进入市场中的企业将面临较低的市场竞争水平，其预期利润也会随之上升，从而激励企业增加投资，进而提升企业 GTFP。

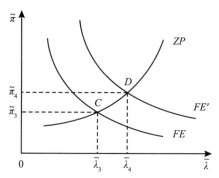

**图 8-2　企业进入成本 $F$ 上升期时对局部均衡状态的影响**

资料来源：笔者自制。

为进一步论述 $\bar{\lambda}$ 与 $\delta_v$ 的联系，依据式（8-13），将各企业利润表示成 $\bar{\lambda}$ 的函数：$\pi_v(\lambda) = f(\sqrt{\lambda}/\sqrt{\bar{\lambda}})^{\sigma-1} - f$。

由式（8-6）可知企业绿色全要素生产率也可以表示为：

$$\delta_v(\lambda) = \frac{\sigma-1}{2\sigma}\frac{1}{\lambda}r(\lambda) = \frac{\sigma-1}{2\sigma}\frac{1}{\lambda}r(\bar{\lambda})\left(\frac{\sqrt{\lambda}}{\sqrt{\bar{\lambda}}}\right)^{\sigma-1} = \frac{\sigma-1}{2\lambda}f\left(\frac{\sqrt{\lambda}}{\sqrt{\bar{\lambda}}}\right)^{\sigma-1} \quad (8-17)$$

依据式（8-13）可知，在局部均衡情况下，城市环境立法使得企业生产成本上升，导致实际投资成本高于市场投资成本临界值部分的企业利润转为负值，最终选择退出市场，市场竞争强度得以下降。城市环境立法的这一清理效应使得市场中存活企业的预期利润上升。同时，$\sigma > 1$，$\lambda > 0$，依据式（8-17）可知，随着 $\bar{\lambda}$ 上升，企业绿色全要素生产率（$\delta_v$）也会提高。这是因为对于继续存活的企业而言，伴随着预期利润的增加，对投资的预期回报也会相应提升，因而会激励企业加大投资力度，最终有利于提升企业绿色全要素生产率。由此提出如下假说。

假说 8-1：城市环境立法实施引致的清理效应使得存活企业的预期利润上升，投资预期回报随之提升，激励企业增加研发创新投资，从而有利于提升企业 GTFP。

## 8.2.4　企业投资方向的进一步分析

伴随着国家以环境立法为主体的环境监管制度的不断强化，基于不同的环保理念，企业在遵循环境规制与利润最大化的双重原则下，为控制环境成本内部化带来的经济效益损失，逐步形成了两大污染防治路径，即"前端预防"与"末端治理"。具体而言，末端治理遵循的基本理念是"先污染、后治理"，通过安装污染治理设施等措施，对已产生的污染物进行再处理，以达到污染物排放标准。然而，对已经产生的污染物进行再治理，在增加了企业生产成本的同时，也达不到有效治理的目的。这是因为在现有技术条件下，一些污染物在产生之后就无法完全去除，仅能进行稀释。因此难以对企业实现绿色转型升级产生政策激励作用。不同于末端治理，前端预防以从根本上降低企业污染产生量为导向，要求生产与污染控制相结合。通过绿色生产技术的创新与应用，提高传统能源的利用效率，加大对新清洁能源的投入力度，实现企业在生产投入、生产过程以及最终品产出等全阶段的绿色化、清洁化（Zhou Y and Zhao L，2016）。由于清洁生产技术创新是驱动绿色全要素生产率提升、促使经济体实现绿色转型发展的关键（Qiu et al.，2020），因此当企业加大污染治理的前端预防力度时，不仅有利于提高环境质量，还有助于企业生产工艺革新，提高生产效率，实现环境绩效提升与经济发展的共赢。基于此，进一步提出假说。

假说 8-2：相较于污染防治的末端治理，企业增加前端预防的投资力度对企业 GTFP 的提升效应更为显著。

8.3

## 模型构建、变量选取与数据来源

### 8.3.1 计量模型构建

在明晰理论机制的基础上，运用双重差分模型方法（DID）考察其影响企业绿色转型升级的政策净效应。

$$GTFP_{it} = \alpha_0 + \alpha_1 treat_c \times post_t + \alpha_2 x_{ict} + \mu_i + \varphi_t + \delta_{rt} + \eta_{pt} + \varepsilon_{icprt} \qquad (8-18)$$

其中，下标 $i$、$r$、$c$、$p$、$t$ 分别表示企业、行业、城市、省份和年份。$GTFP_{it}$ 为企业 $i$ 在 $t$ 年的绿色全要素生产率，双重差分项 $treat_c \times post_t$ 为城市环境立法。其中，$treat_c$ 为是否实施环境立法的分组虚拟变量，$post_t$ 为实施立法的时期虚拟变量。系数 $\alpha_1$ 反映了城市环境立法影响企业绿色全要素生产率的净效应。$x_{ict}$ 为控制变量集，具体包括企业规模、成立年限、资本密集度、企业平均工资、能源消耗强度、城市外商直接投资以及城市人口密度。此外，$\mu_i$ 为企业层面的个体固定效应。$\varphi_t$ 为年份层面的固定效应，以控制随年份改变的宏观经济趋势的影响。$\delta_{rt}$ 表示行业随年份变化的固定效应，用以控制随时间变化的行业异质性可能产生的影响。$\eta_{pt}$ 为省份随年份变化的固定效应，以控制省份层面随时间改变的混淆因素可能带来的影响，如省级层面的其他环境规制政策等。$\varepsilon_{icprt}$ 为随机扰动项。

### 8.3.2 变量选取和测算

1. 被解释变量：企业绿色全要素生产率（GTFP）

本章采用松弛向量度量的 DSBM 模型方法来测算 2001 ~ 2012 年企业绿色全要素生产率。投入指标、产出指标和跨期变量的选取是运用 DSBM 方法获取绿色全要素生产率的关键。在 DSBM 模型中，将每个企业设定为一个决策单元（DMU），共有 $T$ 个时期（$t = 2001$，…，$2012$）。在每个时期内，单个企业的经济生产活动涵盖了多种投入与产出要素，同时包括投入要素从前一期至当期甚至是下一期的跨期关联[①]。根据相关理论，选取企业全部从业人员年均人数与中间投入份额作为投入变量；将企业总产值作为产出指标；将资本存量作为自由跨期变量，以固定资产净值为其代理指标，并按照相应固定投资价格指数进行平减；废水、废气、化学需氧量、二氧化硫以及氨氮污染物为坏的跨期变量。

2. 核心解释变量：城市环境立法（$treat_c \times post_t$）

城市环境立法是指地级及以上城市，在中央环境立法的框架下，围绕本行政区域内的水污染治理、空气污染防治、湿地保护以及流域治理等方面颁布的规范性法律文件。1979 年通过的《地方组织法》明确赋予设区的市的人民代表大会对本行政区域内地方性法规的制定权和颁布权，逐步完善了中国环境保护的法律体系。根据城市内的环境状况和经济发展水平，地方政府进一步对城市环境立法进行不断修正，主要经历了三个发展时期：起步期（1982～1989 年）、高速发展期（1990～1999 年）以及进一步发展期（2000 年之后）。尤其是 2015 年《立法法》的重新修订，地方环境立法权力进一步扩大至 282 个设区的城市。城市环境立法（$treat_c \times post_t$）为核心解释变量。其中，$treat_c$ 为地级及以上城市是否实施环境立法的分组虚拟变量，若该城市 $c$ 在样本期内至少实施过一部环境立法，则设定为实验组，即 $treat_c = 1$，否则即设定为对照组，即 $treat_c = 0$。$post_t$ 为依据城市实施环境立法时间而设定的时期虚拟变量，若城市 $c$ 的第一部环境立法于第 $t$ 年开始实施，则从第 $t$ 年及其之后的年份中，设定 $post_t = 1$，第 $t - 1$ 年及其之前年份中，设定 $post_t = 0$。将此立法分组虚拟变量和时期虚拟变量相乘，得到 $treat_c \times post_t$ 作为界定城市环境立法净效应的核心解释变量。

3. 控制变量

本章选取的控制变量主要包括企业规模（$size$），以企业工业总产值的对数值界定；成立年限（$age$），以样本统计年份与企业成立年份之差加 1，取对

---

① 由于篇幅限制，详细计算过程请参见张等人的著作（Zhang S L and Wang Y et al.，2021）。

数值表示；资本密集度（*capital*），以企业固定资产净值年平均余额与全部从业人员年均人数的比值来表示；企业平均工资（*salary*），以企业年应付工资总额的对数值来衡量；能源消耗强度（*energy*）：依据企业燃油消费总量与企业销售产值的比值来衡量；城市外商直接投资（*fdi*）：以城市实际利用外资额的对数值表示；城市人口密度（*popdens*）：以城市总人口占城市总面积的比重来界定。

### 8.3.3  数据来源与统计分析

本章数据来源于中国工业企业数据库[①]、中国企业污染排放数据库、北大法宝和历年中国城市统计年鉴。首先，在中国工业企业数据库的数据处理过程中，删除法人代码重复、全部从业人员年均人数小于8、企业总资产小于固定资产等不符合会计准则的样本企业，并将行业代码按照2002年的标准进行统一，从中选取企业的投入产出指标，对企业历年绿色全要素生产率水平与企业层面的控制变量进行刻画。其次，在对中国企业污染排放数据库的处理过程中，剔除污染物排放指标为负、污染物处理量大于排放量的样本，选取废水、化学需氧量、废气、二氧化硫以及氨氮排放量五类污染物排放数据作为计算企业绿色全要素生产率中的坏的跨期变量。依据此数据库中汇报的企业名称与成立年份，与中国工业企业数据库进行匹配。城市层面的历年环境立法相关数据来自北大法宝，依据2001～2012年中国地级及以上城市地方性环境法规样本整理得到。最后，城市层面的控制变量来源于历年中国城市统计年鉴。主要变量的描述性统计分析如表8-1所示。

**表8-1**　　　　　　　　　　　　　**描述性统计分析**

| 变量名 | 样本量 | 平均值 | 标准差 | 最小值 | 最大值 |
|---|---|---|---|---|---|
| 绿色全要素生产率（GTFP） | 159125 | 0.1696 | 0.2029 | 0 | 1 |
| 企业规模（*size*） | 325556 | 18.1226 | 1.5410 | 7.6009 | 25.9880 |

①　由于2010年中国工业企业数据库样本大量缺失，故本章并未考虑2010年样本。

续表

| 变量名 | 样本量 | 平均值 | 标准差 | 最小值 | 最大值 |
|---|---|---|---|---|---|
| 成立年限 (*age*) | 325550 | 2.2681 | 0.7912 | 0 | 4.1589 |
| 资本密集度 (*capital*) | 325556 | 10.3497 | 2.5166 | 0.0108 | 21.4170 |
| 企业平均工资 (*salary*) | 325360 | 13.9526 | 2.6109 | 6.7890 | 23.2876 |
| 能源消耗强度 (*energy*) | 119687 | 0.0004 | 0.0135 | 0 | 1.7443 |
| 城市外商直接投资 (*fdi*) | 322514 | 10.6332 | 1.9205 | 2.3026 | 14.2332 |
| 城市人口密度 (*popdens*) | 325556 | 0.0665 | 0.0506 | 0.0006 | 0.9072 |

资料来源：笔者自制。

# 8.4

# 实证结果分析

## 8.4.1 基准回归结果

表 8 - 2 为城市环境立法影响企业绿色全要素生产率的基准回归结果。模型 1 是仅考虑核心解释变量与固定效应，未纳入控制变量情形下的估计结果，可以看出，城市环境立法的估计系数显著为正，表明在研究样本期内，城市环境立法有利于企业绿色全要素生产率提升。模型 2 至模型 4 为引入企业规模等全部控制变量和依次仅控制时间、行业随时间变化以及地区随时间变化的固定效应的回归结果。可以看出，城市环境立法变量的估计系数均显著为正。模型 5 为加入所有控制变量以及控制固定效应的实证结果，可以发现，$treat_c \times post_t$ 的估计系数仍在 1% 水平上显著为正。基准回归的结果表明，城市环境立法显著促进企业绿色全要素生产率水平的提升。

表 8 - 2 基准回归结果

| 被解释变量 | 绿色全要素生产率 | | | | |
|---|---|---|---|---|---|
| | 模型 1 | 模型 2 | 模型 3 | 模型 4 | 模型 5 |
| $treat_c \times post_t$ | 0.0115 *** (0.0038) | 0.0090 ** (0.0045) | 0.0072 * (0.0037) | 0.0108 ** (0.0044) | 0.0101 *** (0.0037) |
| $size$ | — | 0.0135 *** (0.0029) | 0.0123 *** (0.0029) | 0.0155 *** (0.0029) | 0.0133 *** (0.0029) |
| $age$ | — | 0.0062 *** (0.0013) | 0.0025 ** (0.0011) | 0.0061 *** (0.0013) | 0.0025 ** (0.0012) |
| $capital$ | — | 0.0140 *** (0.0013) | 0.0152 *** (0.0012) | 0.0136 *** (0.0012) | 0.0151 *** (0.0012) |
| $salary$ | — | - 0.0274 *** (0.0019) | - 0.0312 *** (0.0019) | - 0.0296 *** (0.0019) | - 0.0324 *** (0.0019) |
| $energy$ | — | - 0.0110 (0.0190) | 0.0170 (0.0268) | - 0.0198 (0.0206) | 0.0059 (0.0270) |
| $fdi$ | — | 0.0036 ** (0.0015) | 0.0043 *** (0.0011) | 0.0021 (0.0014) | 0.0025 ** (0.0011) |
| $popdens$ | — | 0.0522 (0.0421) | 0.0384 (0.0383) | 0.0756 (0.0613) | 0.0606 (0.0499) |
| $\_cons$ | 0.1680 *** (0.0019) | 0.1401 *** (0.0463) | 0.2074 *** (0.0446) | 0.1553 *** (0.0468) | 0.2234 *** (0.0450) |
| 时间固定效应 | 是 | 是 | 是 | 是 | 是 |
| 企业固定效应 | 是 | 是 | 是 | 是 | 是 |
| 行业×时间固定效应 | 是 | 否 | 是 | 否 | 是 |
| 地区×时间固定效应 | 是 | 否 | 否 | 是 | 是 |
| 样本量 | 159125 | 95259 | 95259 | 95259 | 95259 |
| $R^2$ | 0.168 | 0.189 | 0.214 | 0.193 | 0.217 |

注：括号内为聚类到城市层面的稳健标准误。***、**、* 分别表示在 1%、5%、10% 水平条件下显著。

资料来源：笔者自制。

以表 8 – 2 模型 5 的估计结果为基准，再来观察一下控制变量。企业规模变量的估计系数显著为正，即企业绿色全要素生产率会因企业规模的扩大而提升。规模较大的企业通常会考虑自身的可持续性发展，进而保持稳定的研发投入，维持技术创新水平，从而有利于提升企业 GTFP。*age* 的估计系数显著为正，表明成立年限越长的企业所具备的创新意识越强，有助于实现企业绿色转型。*capital* 的估计系数显著为正，意味着企业资本密集度越高，越有可能在清洁生产工艺方面开展投资，有利于企业绿色全要素生产率的提升。*salary* 系数在 1% 水平下为负，表明平均工资越高，会对绿色全要素生产率产生阻碍作用。*fdi* 的估计系数显著为正，反映出外商直接投资的增长能为当地企业带来更为先进的生产技术，促使企业实现绿色生产，有利于企业 GTFP 提升。

## 8.4.2　平行趋势检验

运用双重差分模型的重要前提是实验组与对照组应满足平行趋势假定。对此，本章采用事件研究法对城市环境立法影响企业 GTFP 的平行趋势进行检验。考虑到个别年份的样本稀疏问题，将城市环境立法实施前 7 年以上的样本归并至第 7 年，将环境立法实施后 10 年以上的样本归并至第 10 年。同时，将环境立法实施前 1 年作为 $T – 1$ 期，以此类推至 $T – 7$ 期；将立法实施后 1 期作为 $T1$ 期，以此类推至 $T10$ 期，并以环境立法实施前第 2 年作为基期。平行趋势检验结果如图 8 – 3 所示，其中连续的折线刻画了城市实施环境立法的边际效应，上下垂直的短虚线为由聚类到城市层面标准误计算的 90% 水平下的置信区间。从图 8 – 3 中可以明显看出，基期之前的回归系数波动幅度较小且均未通过显著性检验，表明实验组与对照组在环境立法实施前的企业 GTFP 无显著差异，平行趋势检验通过。

进一步对基期之后的估计系数展开分析可以发现，城市环境立法实施之后，对企业绿色全要素生产率有着显著的正向促进作用，且这一影响呈波动上升趋势。同时，城市环境立法对企业 GTFP 的影响存在时滞性与持续性。时滞性的原因可能在于生产技术创新是企业提高绿色全要素生产率水平的关键

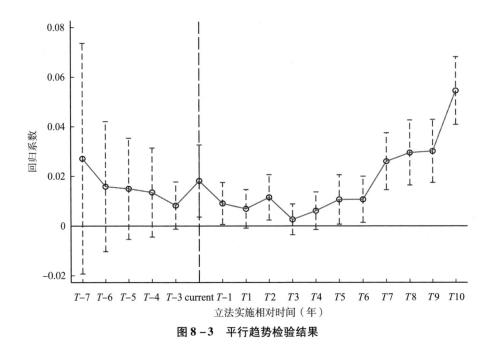

**图 8 - 3　平行趋势检验结果**

资料来源：笔者自制。

路径，而技术研发具有长周期、高成本等特征（Anh P Q，2015），因此最终反映在绿色全要素生产率的立法实施效果上可能存在一定的滞后性。立法影响效果持续增长的原因可能是一方面，随着时间积累，各环境立法的效力逐步增强；另一方面，由历年实施的环境立法数量可以看出，试点城市的环境立法总量逐年递增，意味着随着时间推移，城市环境立法的总体效应也越来越大。因此，城市环境立法对企业绿色转型的正向影响也在不断增强。

### 8.4.3　稳健性检验

基准回归的结论显示，城市环境立法能显著促进企业绿色转型并提升企业 GTFP，但这一结论是否稳健仍需进一步的检验。接下来，在考虑倾向得分匹配、安慰剂检验、内生性问题、排除其他环境规制政策干扰、替换 GTFP 测算方式以及剔除极端值等情境下，进行多维度的实证检验，以确保结论的稳健性。

1. PSM – DID 方法的检验

为了缓解由于实验组与对照组之间存在的系统性差异可能导致的双重差分估计偏误，进一步利用 PSM – DID 方法进行稳健性检验。通过城市是否实施环境立法的虚拟变量对协变量①进行 logit 回归，得到倾向得分值，以在最大程度减少不同企业在绿色全要素生产率水平上存在的系统性差异，从而降低 DID 估计偏误。本章采用最邻近匹配法进行匹配，其中实验组与对照组的匹配比例设定为 1∶1。通过图 8 – 4 的倾向得分值概率分布密度函数图可知，实验组与对照组倾向得分值的概率密度在匹配后已经比较接近，说明选取的匹配方法是有效的。

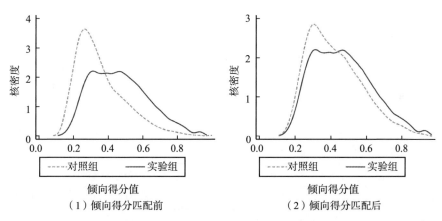

**图 8 – 4　倾向得分值概率分布密度函数**

资料来源：笔者自制。

基于匹配成功的样本，继续采用 DID 模型方法检验城市环境立法影响企业 GTFP 的政策净效应。如表 8 – 3 中模型 6 和模型 7 所示，在控制所有固定效应后，无论是否纳入控制变量，城市环境立法对企业 GTFP 的正向提升作用始终显著。在此基础上，将实验组与对照组的匹配比例更换为 1∶3，估计结果如模型 8 和模型 9 所示，$treat_c \times post_t$ 的估计系数与基准回归结果并无显著差

---

① 本章选取的协变量包括：企业规模、成立年限、资本密集度、平均工资、城市外商直接投资占 GDP 的比重五个可观测变量。

异。进一步地，使用核半径匹配法对匹配成功的样本再次进行估计，模型10和模型11的回归结果显示，$treat_c \times post_t$的估计系数依然显著为正，结论具有较好的稳健性。

表8-3  稳健性检验 I：倾向得分匹配

| 被解释变量 | 绿色全要素生产率 | | | | | |
|---|---|---|---|---|---|---|
| | 1:1最邻近匹配 | | 1:3最邻近匹配 | | 核半径匹配 | |
| | 模型6 | 模型7 | 模型8 | 模型9 | 模型10 | 模型11 |
| $treat_c \times post_t$ | 0.0110*** (0.0034) | 0.0081** (0.0038) | 0.0114*** (0.0033) | 0.0084** (0.0036) | 0.0115*** (0.0033) | 0.0101*** (0.0037) |
| _cons | 0.1715*** (0.0015) | 0.0800* (0.0464) | 0.1679*** (0.0013) | 0.1663*** (0.0433) | 0.1680*** (0.0014) | 0.2235*** (0.0450) |
| 控制变量 | 否 | 是 | 否 | 是 | 否 | 是 |
| 时间固定效应 | 是 | 是 | 是 | 是 | 是 | 是 |
| 企业固定效应 | 是 | 是 | 是 | 是 | 是 | 是 |
| 行业×时间固定效应 | 是 | 是 | 是 | 是 | 是 | 是 |
| 地区×时间固定效应 | 是 | 是 | 是 | 是 | 是 | 是 |
| 样本量 | 99827 | 61320 | 142406 | 86459 | 158024 | 95254 |
| $R^2$ | 0.210 | 0.235 | 0.199 | 0.224 | 0.191 | 0.217 |

注：括号内为聚类到城市层面的稳健标准误。***、**、*分别表示在1%、5%、10%水平条件下显著。控制变量同表8-2。
资料来源：笔者自制。

2. 安慰剂检验

为确保基准回归结论的稳健性，本章还进行了安慰剂检验。首先，构建城市环境立法实施的虚假时间进行安慰剂检验。将城市环境立法的实施时间分别提前1年、2年、3年和4年，作为构建的虚假立法时间，仍旧与分组虚拟变量相乘，将此交互项纳入基准回归模型再次进行估计，进一步考察结论的稳健性。观察表8-4中模型12至模型15的回归结果可以发现，$treat_c \times post_t$的估计系数均不显著，与基准回归结果相悖，意味着城市环境立法有利于提升企业GTFP的基准结论具有较好的稳健性。

表 8 - 4　　　　　　　　　　稳健性检验 Ⅱ：安慰剂检验

| 被解释变量 | 绿色全要素生产率 | | | | | |
|---|---|---|---|---|---|---|
| | 构建虚假立法时间 | | | | 构建虚假实验组 | |
| | 实施前 1 年 | 实施前 2 年 | 实施前 3 年 | 实施前 4 年 | — | — |
| | 模型 12 | 模型 13 | 模型 14 | 模型 15 | 模型 16 | 模型 17 |
| $treat_c \times post_t$ | 0.0014 (0.0046) | 0.0043 (0.0045) | 0.0053 (0.0044) | 0.0061 (0.0043) | -0.0005 (0.0036) | 0.0007 (0.0040) |
| $\_cons$ | 0.2179*** (0.0469) | 0.2234*** (0.0469) | 0.2255*** (0.0469) | 0.2272*** (0.0469) | 0.1629*** (0.0027) | 0.4023*** (0.0506) |
| 控制变量 | 是 | 是 | 是 | 是 | 否 | 是 |
| 时间固定效应 | 是 | 是 | 是 | 是 | 是 | 是 |
| 企业固定效应 | 是 | 是 | 是 | 是 | 是 | 是 |
| 行业×时间固定效应 | 是 | 是 | 是 | 是 | 是 | 是 |
| 地区×时间固定效应 | 是 | 是 | 是 | 是 | 是 | 是 |
| 样本量 | 95259 | 95259 | 95259 | 95259 | 95563 | 56156 |
| $R^2$ | 0.217 | 0.217 | 0.217 | 0.217 | 0.178 | 0.214 |

注：括号内为聚类到城市层面的稳健标准误。***、**、*分别表示在 1%、5%、10% 水平条件下显著。控制变量同表 8 - 2。

资料来源：笔者自制。

其次，通过构建城市环境立法实施的虚假实验组进行安慰剂检验。在未立法城市样本中，将与实施环境立法城市相邻的城市设定为虚假实验组，其他未立法城市设定为对照组，重新对式（8 - 18）进行估计，回归结果如表 8 - 4 模型 16 和模型 17 所示。可以发现，不论是否纳入控制变量，交互项 $treat_c \times post_t$ 的估计系数均不显著，说明更改环境立法实施的城市并没有得到与基准回归结果一致的研究结论，即城市环境立法的实施有利于提升企业 GTFP。

3. 内生性检验

双重差分法通过构建实验组与对照组的对比，较好地缓解了内生性问题，但其前提是实施环境立法的试点城市具备随机选取的特征。但是，城市是否实施环境立法可能会受到同期潜在的未被观察因素的干扰，如随时间变化的城市污染物监测浓度等。对此，本章采用工具变量法进行稳健性检验，以缓解政策的内生性影响。

（1）基于空气流动系数的工具变量法。

借鉴赫林和庞塞（Hering L and Poncet S，2014）的方法，在研究中嵌入中国地级及以上城市层面的大气数量模型，构建空气流动系数指标（$VC$），将其作为城市实施环境立法的工具变量，运用两阶段最小二乘法（2SLS）进行回归估计。空气流动系数的构建公式为 $VC = BLH \times WS$。其中，$BLH$ 为城市的大气边界层高度，$WS$ 为风速。将中国城市经纬度与欧洲中级天气预报中心发布的 $ERA$ 经纬度栅格气象数据相匹配，利用 ArcGIS 将匹配后的数据进行解析，得到可直接使用的 2001～2012 年 271 个样本城市数据。一方面，当城市污染物排放总量既定时，城市的空气流动系数越小，意味着监测到的污染物浓度越高，政府倾向于提高环境政策的执行力度，可能会增加城市环境立法，符合有效工具变量的相关性假定。另一方面，空气流动系数仅受大气边界层高度与风速的共同影响，均由外在的气象和地理条件所决定，较好地满足了有效工具变量的外生性假定。工具变量的第一阶段、第二阶段回归结果如表 8-5 中的模型 18 和模型 19 所示。在模型 18 中，空气流动系数与时期虚拟变量交互项 $VC \times post_t$ 的估计系数显著为正，满足工具变量的相关性假定。模型 19 中，$treat_c \times post_t$ 对企业 GTFP 依旧存在显著正向影响，与基准回归结果相一致。

（2）基于地形起伏度的工具变量法。

地形起伏度（RDLS）与人口分布、经济发展密切相关，区域经济发展与人口密度向低地形起伏度地区集聚的趋势愈加明显，说明经济活动具有明显的地理集聚特征，而城市是否实施环境立法又与该城市的产业集聚度与人口密度等息息相关，因而满足相关性假定。同时，地形起伏度作为城市客观存在的自然地理变量，天然满足外生性假定。基于此，选取地形起伏度与时期虚拟变量的交互项 $RDLS \times post_t$ 作为城市实施环境立法的第二个工具变量。地形起伏度的测算公式如下。

$$RDLS = ALT/1000 + \{[\max(H) - \min(H)] * [1 - P(A)/A]\}/500$$

$$(8-19)$$

式（8-19）中，$ALT$ 为区域内的平均海拔（单位为 m）；$[\max(H) -$

$\min(H)$ ]为区域内的最高与最低海拔相减的平均高差（单位为 m）；$P(A)$ 表示区域内的平地面积（单位为 $km^2$）；$A$ 则为区域总面积（单位为 $km^2$）。运用 2SLS 方法的估计结果如表 8 – 5 中模型 20 和模型 21 所示，可以发现，$treat_c \times post_t$ 变量的估计系数依然显著为正，结论具有较好的稳健性。

表 8 – 5　　　　　　　　　　稳健性检验Ⅲ：工具变量法

| 被解释变量 | 双重差分项 | 绿色全要素生产率 | 双重差分项 | 绿色全要素生产率 |
|---|---|---|---|---|
| | 空气流动系数 | | 地形起伏度 | |
| | 模型 18 | 模型 19 | 模型 20 | 模型 21 |
| $treat_c \times post_t$ | — | 0.0290 *** <br> (0.0080) | — | 0.0290 *** <br> (0.0073) |
| $VC \times post_t$ | 0.0001 *** <br> (0.0000) | — | — | — |
| $RDLS \times post_t$ | — | — | 0.2581 *** <br> (0.0489) | — |
| _cons | – 0.9724 *** <br> (0.1806) | 0.1513 *** <br> (0.0323) | – 1.1461 *** <br> (0.1419) | 0.1473 *** <br> (0.0322) |
| 控制变量 | 是 | 是 | 是 | 是 |
| 时间固定效应 | 是 | 是 | 是 | 是 |
| 企业固定效应 | 是 | 是 | 是 | 是 |
| 行业×时间固定效应 | 是 | 是 | 是 | 是 |
| 地区×时间固定效应 | 是 | 是 | 是 | 是 |
| 不可识别检验 | — | 6171.051 <br> [0.0000] | — | 7381.547 <br> [0.0000] |
| 弱识别检验 | — | 6602.443 <br> {16.38} | — | 7993.940 <br> {16.38} |
| 样本量 | 115895 | 93146 | 118223 | 95259 |
| $R^2$ | 0.395 | 0.218 | 0.398 | 0.216 |

注：括号内为聚类到城市层面的稳健标准误。 *** 、 ** 、 * 分别表示在 1%、5%、10% 水平条件下显著。控制变量同表 8 – 2。

资料来源：笔者自制。

### 4. 剔除其他政策干扰

城市环境立法对企业 GTFP 的影响可能还会受到同期其他相关政策的干扰，从而导致有偏的回归结果。对此，对样本期内影响企业 GTFP 的政策冲击进行了逐一搜索，具体包括如下几点。（1）2008 年金融危机的爆发使得企业的融资环境更加艰难。研发创新需要投入持续稳定的现金流，当企业面临较强的融资约束时，往往倾向于减少研发支出，从而影响企业 GTFP。基于此，将样本城市中对外开放水平较高、受金融危机冲击较大的长三角以及珠三角城市剔除后进行回归估计，实证结果如表 8–6 模型 22 所示。（2）在城市环境立法实施的进程中还同步推进了各项能源政策。对此，将实施传统能源结构调整政策的煤炭消费大省①、能源发展扶持政策集中的部分西部省份②和实施节能与新能源汽车补贴政策的试点城市样本③统一剔除，尽可能排除能源政策对企业 GTFP 的影响，估计结果如模型 23 所示。（3）2011 年开展的碳排放权交易制度可能会提高试点区域内企业治污与清洁生产的主观能动性，这也可能影响到企业 GTFP。本章将此试点省市④予以剔除，估计结果如模型 24 所示。（4）环保重点城市作为国家环境保护的模范城市，在降污减排以及降低能耗上面临更为严格的环境规制。对此，剔除环保重点城市样本，估计结果如模型 25 所示。（5）创新型政策试点城市能凭借内部要素的有机联系与完善的投融资制度，实现城市内各金融系统节点间的互联互通，能够为提升企业 GTFP 获取更多的研发创新资金。本章删除该试点城市样本，回归结果如模型 26 所示。

---

① 煤炭消费大省具体包括：河北、山西、内蒙古、江苏、山东、河南和陕西。
② 能源发展扶持政策集中的西部省份具体包括：云南、宁夏、甘肃、青海和新疆。
③ 2009 年第一批 13 个城市：北京、上海、重庆、长春、大连、杭州、济南、武汉、深圳、合肥、长海、昆明、南昌；2010 年第二批 7 个城市：天津、海口、郑州、厦门、苏州、唐山、广州；2013 年第三批 5 个城市：沈阳、成都、南通、襄阳、呼和浩特。
④ 2011 年国家发展改革委印发《关于开展碳排放权交易试点工作的通知》，批准北京、天津、上海、重庆、湖北、广东、深圳 7 个省市开展碳交易试点。

表 8 - 6                          稳健性检验Ⅳ：剔除政策干扰

| 被解释变量 | 绿色全要素生产率 | | | | |
|---|---|---|---|---|---|
| | 模型 22 | 模型 23 | 模型 24 | 模型 25 | 模型 26 |
| $treat_c \times post_t$ | 0.0097 ** (0.0043) | 0.0113 ** (0.0052) | 0.0096 ** (0.0040) | 0.0598 *** (0.0083) | 0.0101 *** (0.0037) |
| _cons | 0.3454 *** (0.0470) | 0.4470 *** (0.0605) | 0.2737 *** (0.0446) | 0.5524 *** (0.0578) | 0.2266 *** (0.0458) |
| 控制变量 | 是 | 是 | 是 | 是 | 是 |
| 时间固定效应 | 是 | 是 | 是 | 是 | 是 |
| 企业固定效应 | 是 | 是 | 是 | 是 | 是 |
| 行业×时间固定效应 | 是 | 是 | 是 | 是 | 是 |
| 地区×时间固定效应 | 是 | 是 | 是 | 是 | 是 |
| 样本量 | 58673 | 40822 | 67079 | 29641 | 92969 |
| $R^2$ | 0.219 | 0.207 | 0.235 | 0.218 | 0.220 |

注：括号内为聚类到城市层面的稳健标准误。 *** 、 ** 、 * 分别表示在 1% 、5% 、10% 水平条件下显著。控制变量同表 8 - 2。
资料来源：笔者自制。

观察表 8 - 6 模型 22 至模型 26 的估计结果可以发现，在剔除潜在影响企业 GTFP 的政策或事件之后，$treat_c \times post_t$ 变量的估计系数依然显著为正，意味着城市环境立法提升企业 GTFP 的结论依然成立，可以引导企业绿色转型升级。

5. 其他稳健性检验

前文对企业绿色全要素生产率的测算是基于规模报酬不变的前提。接下来将更改这一设定，运用规模报酬可变的 DSBM 模型再次测算企业 GTFP 之后进行检验。实证结果如表 8 - 7 模型 27 所示，可以看到，$treat_c \times post_t$ 的估计系数仍显著为正。此外，企业 GTFP 的取值介于 0 ~ 1，为典型的受限被解释变量。对此，运用双限制 tobit 模型再次进行实证检验，估计结果如模型 28 所示。可以发现，城市环境立法对企业 GTFP 依然存在显著正向影响。

表 8 - 7　　　　　　　稳健性检验 V：其他稳健性检验

| 被解释变量 | 绿色全要素生产率 | | | | |
|---|---|---|---|---|---|
| | 替换被解释变量 | 更换模型 | 更换样本区间 | 控制变量滞后一期 | 5% 双侧截尾 |
| | 模型 27 | 模型 28 | 模型 29 | 模型 30 | 模型 31 |
| $treat_c \times post_t$ | 0.0101 ***<br>(0.0038) | 0.0100 ***<br>(0.0037) | 0.0090 *<br>(0.0046) | 0.0105 ***<br>(0.0037) | 0.0102 ***<br>(0.0028) |
| _cons | 0.2527 ***<br>(0.0529) | 0.1468 ***<br>(0.0488) | 0.2440 ***<br>(0.0450) | 0.1299 ***<br>(0.0421) | - 0.2012 ***<br>(0.0301) |
| 控制变量 | 是 | 是 | 是 | 是 | 是 |
| 时间固定效应 | 是 | 是 | 是 | 是 | 是 |
| 企业固定效应 | 是 | 是 | 是 | 是 | 是 |
| 行业（时间固定效应 | 是 | 是 | 是 | 是 | 是 |
| 地区（时间固定效应 | 是 | 是 | 是 | 是 | 是 |
| 样本量 | 89440 | 95259 | 57604 | 94020 | 86781 |
| $R^2$ | 0.165 | — | 0.275 | 0.219 | 0.274 |

注：括号内为聚类到城市层面的稳健标准误。 ***、**、* 分别表示在 1%、5%、10% 水平条件下显著。控制变量同表 8 - 2。

资料来源：笔者自制。

在基准回归中，样本区间设定为 2001~2012 年，但由于中国工业企业数据库的数据在 2010 年及之后年份存在质量较差、指标混乱等问题，因此调整样本区间，仅对 2001~2009 年的样本进行回归。估计结果如模型 29 所示，可以发现，城市环境立法对企业 GTFP 的影响依旧显著为正。随后，对所有控制变量滞后一期再进行检验，实证结果如模型 30 所示，可以发现，$treat_c \times post_t$ 的估计系数依然显著为正。进一步地，为降低极端离群值可能对基准回归结果产生的影响，对企业 GTFP 变量在第 5 和第 95 百分位分别进行双侧缩尾和截尾之后再进行估计，回归结果如模型 31 所示，可以看到，城市环境立法依然会显著提升企业 GTFP。

### 8.4.4　异质性分析

接下来将分别在考虑企业所有制、融资约束水平、污染排放强度、行业类型、是否处于两控区与中原城市群等异质性特征下，实证检验城市环境立法是否对企业 GTFP 产生差异性影响。

1. 企业异质性

考虑到不同性质的企业应对城市环境立法的策略性反应可能存在差异，表 8 - 8 中模型 32 和模型 33 为按照企业当年实际注册投资资本占比（≥50%）将企业划分为国有与非国有两种类型进行分组回归的估计结果。可以发现，城市环境立法虚拟变量 $treat_c \times post_t$ 的估计系数在非国有企业样本中比在国有企业样本中显著。

表 8 - 8　　　　　　　　　　　　　异质性分析 I

| 被解释变量 | 绿色全要素生产率 | | | | | |
|---|---|---|---|---|---|---|
| | 企业所有制 | | 融资约束水平 | | 企业污染排放强度 | |
| | 国有 | 非国有 | 融资约束低 | 融资约束高 | 污染强度低 | 污染强度高 |
| | 模型 32 | 模型 33 | 模型 34 | 模型 35 | 模型 36 | 模型 37 |
| $treat_c \times post_t$ | 0.0061<br>(0.0056) | 0.0140 ***<br>(0.0041) | 0.0136 ***<br>(0.0037) | 0.0032<br>(0.0052) | 0.0122 ***<br>(0.0043) | 0.0053<br>(0.0039) |
| _cons | 0.7570 ***<br>(0.0772) | 0.0921 *<br>(0.0480) | 0.1243 ***<br>(0.0467) | 0.5035 ***<br>(0.0542) | 0.0766 *<br>(0.0463) | 0.6651 ***<br>(0.0451) |
| 控制变量 | 是 | 是 | 是 | 是 | 是 | 是 |
| 时间固定效应 | 是 | 是 | 是 | 是 | 是 | 是 |
| 企业固定效应 | 是 | 是 | 是 | 是 | 是 | 是 |
| 行业×时间固定效应 | 是 | 是 | 是 | 是 | 是 | 是 |
| 地区×时间固定效应 | 是 | 是 | 是 | 是 | 是 | 是 |
| 样本量 | 15510 | 79749 | 65032 | 30227 | 63616 | 31642 |
| $R^2$ | 0.214 | 0.241 | 0.238 | 0.198 | 0.254 | 0.222 |

注：括号内为聚类到城市层面的稳健标准误。 *** 、 ** 、 * 分别表示在1%、5%、10%水平条件下显著。控制变量同表 8 - 2。

资料来源：笔者自制。

  企业 GTFP 的提升离不开研发资金投入，城市环境立法对企业 GTFP 的影响还可能因企业面临融资约束的水平不同而产生差异性。本章参照贝隆等（Bellone F et al.，2010）的研究，选取企业现金流量充裕程度、销售净利润率等十项财务指标[①]，依据同年份同二分位行业进行排序，从高到低划分为五个区间，分别赋以 1~5 分值。将十项财务指标的得分加总、标准化后映射到 [0，1] 区间，构建企业融资约束指标 $fc$。$fc$ 越大表明企业面临的融资约束水平越高。将 $fc$ 从小到大排序后进行三等分，第一、二等分组设定为低融资约束水平企业，第三等分组划分为高融资约束水平企业。分样本估计结果如模型 34 和模型 35 所示，可以发现，城市环境立法显著提高了低融资约束企业 GTFP，而对面临高融资约束企业的影响则不显著。可能的原因在于，融资约束越低的企业更容易为内部清洁生产工艺的变革以及引进环保技术获取所需资金，因此往往具备更强的技术升级与研发创新能力，进而在环境立法监管之下，通过技术创新提高自身 GTFP。

  企业污染排放强度是否会导致环境立法对企业 GTFP 产生不同的影响仍需要进一步检验。由于不同企业在生产工艺与产品种类上的差异，单一污染物排放指标并不能全面衡量企业生产过程中的污染排放。对此，选取工业废水、化学需氧量、废气、二氧化硫以及氨氮排放量五项污染物排放指标，运用主成分分析法构造企业污染排放强度综合指标。将该指标从小到大排序后进行三等分，第一、二等分组设定为低污染排放强度企业，第三等分组界定为高污染排放强度企业，分组回归结果分别如表 8-8 模型 36 和模型 37 所示。可以看到，$treat_c \times post_t$ 的估计系数在低污染排放强度的企业样本中显著为正，在高污染排放强度样本中则并不显著。这是因为随着企业污染排放强度的不断增强，企业需要支付的环境污染治理费用也会随之增加，企业治污成本的上升在一定程度上挤占了用于研发投入的资金，从而导致城市环境立法对企业 GTFP 边际提升效应下降。

---

  ① 具体而言，包括：企业现金流量充裕程度（现金存量与总资产比率）、固定资产净值率（固定资产与总资产比率）、清偿比率（所有者权益与总负债比率）、流动性比率（流动资产与流动负债比率）、资产负债比（总资产与总债务比率）、偿债能力（固定资产与总负债比率）、利息支付率（利息支付与固定资产比率）、商业信约束（应收账款与总资产比率）、销售净利润率（销售净利润与销售收入比率）、资产收益率（总利润与总资产比率）。

## 2. 行业异质性

行业要素密集程度的差异意味着生产中间投入品的异质性，这种差异性可能导致城市环境立法对处于不同要素密集度行业内企业 GTFP 产生异质性影响。本章将 31 个制造业行业划分为非资本密集型与资本密集型行业两大类，分组回归结果如表 8 - 9 中模型 38 和模型 39 所示。结果显示，城市环境立法仅对处于资本密集型行业的企业 GTFP 产生正向影响，对非资本密集型行业企业的影响则不显著。这是因为对于钢铁、交通运输、石油以及机械设备等典型的高资本密集型行业而言，其在生产过程中需投入更多的能源等物质资本，对环境要素具有更深的依赖程度，因此受城市环境立法的影响程度要强于非资本密集型行业企业。

表 8 - 9　　　　　　　　　　　　　异质性分析 II

| 被解释变量 | 绿色全要素生产率 | | | | | |
| --- | --- | --- | --- | --- | --- | --- |
| | 行业类型 | | 两控区 | | 中原城市群 | |
| | 非资本密集型 | 资本密集型 | 非两控区 | 两控区 | 非中原城市群 | 中原城市群 |
| | 模型 38 | 模型 39 | 模型 40 | 模型 41 | 模型 42 | 模型 43 |
| $treat_c \times post_t$ | 0.0054 (0.0042) | 0.0154 *** (0.0051) | 0.0174 * (0.0098) | 0.0096 ** (0.0040) | 0.0088 ** (0.0038) | 0.0189 *** (0.0063) |
| _cons | 0.1606 *** (0.0513) | 0.3026 *** (0.0448) | 0.4655 *** (0.0670) | 0.1763 *** (0.0510) | 0.2219 *** (0.0467) | 0.2599 *** (0.0662) |
| 控制变量 | 是 | 是 | 是 | 是 | 是 | 是 |
| 时间固定效应 | 是 | 是 | 是 | 是 | 是 | 是 |
| 企业固定效应 | 是 | 是 | 是 | 是 | 是 | 是 |
| 行业×时间固定效应 | 是 | 是 | 是 | 是 | 是 | 是 |
| 地区×时间固定效应 | 是 | 是 | 是 | 是 | 是 | 是 |
| 样本量 | 51561 | 43698 | 18663 | 76595 | 90696 | 4562 |
| $R^2$ | 0.201 | 0.242 | 0.210 | 0.225 | 0.216 | 0.263 |

注：括号内为聚类到城市层面的稳健标准误。*** 、** 、* 分别表示在 1%、5%、10% 水平条件下显著。控制变量同表 8 - 2。

资料来源：笔者自制。

3. 城市异质性

城市环境立法对不同政策实施区域内企业 GTFP 也可能会产生差异性影响。为加强大气污染防治，推进环境保护事业的进程，我国将部分城市划分为酸雨或二氧化硫污染控制区（简称"两控区"）。表 8-9 中模型 40 和模型 41 分别为城市环境立法对非两控区以及两控区区域内企业 GTFP 影响的估计结果。可以发现，在两控区样本中，$treat_c \times post_t$ 估计系数具有更高的显著性，说明与处于非两控区的企业相比，城市环境立法对处于两控区管制范围内企业 GTFP 具有更强的正向影响。可能的原因是，为实现两控区的大气污染控制目标，政府在落实既有环境规制政策的基础上，分阶段出台了相应的污染控制综合防治规划，加大对两控区城市的环境监督管理，进而增强了环境立法带来的创新倒逼效应，从而使得城市环境立法对两控区内企业虚拟变量的影响更为显著。

中原城市群以第二产业为主导，有色金属、机械设备等制造业的产业集群与发展优势明显。鉴于此，本章将研究样本划分为非中原城市群与中原城市群，相应的分组估计结果如模型 42 和模型 43 所示。可以看出，在中原城市群样本中，$treat_c \times post_t$ 估计系数的显著性更高，反映出城市环境立法对属于中原城市群企业的 GTFP 具有更大的提升效应。合理的解释是随着中原城市群不断推进工业化与城市化的进程，内部的环境承载压力也逐渐增大。城市环境立法的主要规制对象即为城市内污染程度相对较高的制造业行业以及电力煤矿等行业，因此，城市环境立法对企业 GTFP 的影响在中原城市群样本中更为显著。

4. 绿色全要素生产率分位数回归

为进一步考察城市环境立法对不同分位数水平下企业 GTFP 可能产生的差异性影响，运用面板分位数回归模型，选取 10%、25%、50%、75% 和 90% 五个分位点进行检验，具体估计结果如表 8-10 所示。模型 44 至模型 46 分别为从 10% 分位点至 50% 分位点的估计结果，可以发现，$treat_c \times post_t$ 虚拟变量的回归系数在 1% 水平上显著为正，这与基准回归的结论一致。模型 47 为 75% 分位点的回归结果，可以看出，城市环境立法对企业绿色全要素生产率的正向提升效应依旧存在，但显著性有所下降。模型 48 的实证结果表明，当 GTFP 处于 90% 分位数时，城市环境立法的影响效应则未通过显著性检。表 8-10 的回归结果说明，城市环境立法对企业 GTFP 的提升效应具有分位异质性，随着企业 GTFP 的提升，城市环境立法的影响效应逐渐减小，最终对企业 GTFP 影响不再显著。可能的原因是企业 GTFP 水平越低，意味着企业在生产过程中产生了更多的污染物，受到环境立法监管影响更大。相对而言，拥有高 GTFP 水平的企业生产环节较为清洁，绿色技术水平较高，从而使得环境立法对其产生的影响不显著。

表 8-10　　　　　　　　　　　　　　异质性分析Ⅲ

| 被解释变量 | 绿色全要素生产率 | | | | |
|---|---|---|---|---|---|
| | 10% 分位数 | 25% 分位数 | 50% 分位数 | 75% 分位数 | 90% 分位数 |
| | 模型 44 | 模型 45 | 模型 46 | 模型 47 | 模型 48 |
| $treat_c \times post_t$ | 0.0069 *** (0.0009) | 0.0032 *** (0.0009) | 0.0057 *** (0.0017) | 0.0114 ** (0.0057) | -0.0210 (0.0157) |
| _cons | -0.1018 * (0.0577) | -0.1300 ** (0.0593) | -0.1396 (0.1124) | 0.6429 * (0.3714) | 3.0926 *** (1.0157) |
| 控制变量 | 是 | 是 | 是 | 是 | 是 |
| 时间固定效应 | 是 | 是 | 是 | 是 | 是 |
| 企业固定效应 | 是 | 是 | 是 | 是 | 是 |
| 行业×时间固定效应 | 是 | 是 | 是 | 是 | 是 |
| 地区×时间固定效应 | 是 | 是 | 是 | 是 | 是 |
| 样本量 | 95259 | 95259 | 95259 | 95259 | 95259 |
| $R^2$ | 0.101 | 0.215 | 0.361 | 0.279 | 0.133 |

注：括号内为聚类到城市层面的稳健标准误。*** 、** 、* 分别表示在 1%、5%、10% 水平条件下显著。控制变量同表 8-2。
资料来源：笔者自制。

## 8.4.5　机制检验

前述实证分析表明，城市环境立法的实施显著提升了企业 GTFP，且结论具有较好的稳健性。理论分析表明，环境立法主要通过激励企业加大投资力度，进而提升 GTFP。接下来引入企业长期投资额（invest），通过构建式（8-20）至式（8-23），采取逐步回归法与中介效应回归法进行机制检验。

$$GTFP_{it} = \alpha_0 + \alpha_1 treat_c \times post_t + \alpha_2 x_{ict} + \mu_i + \varphi_t + \delta_{rt} + \eta_{pt} + \varepsilon_{icprt} \quad (8-20)$$

$$invest_{it} = \beta_0 + \beta_1 treat_c \times post_t + \beta_2 x_{ict} + \mu_i + \varphi_t + \delta_{rt} + \eta_{pt} + \varepsilon_{icprt} \quad (8-21)$$

$$GTFP_{it} = \psi_0 + \psi_1 invest_{it} + \psi_2 x_{ict} + \mu_i + \varphi_t + \delta_{rt} + \eta_{pt} + \varepsilon_{icprt} \quad (8-22)$$

$$GTFP_{it} = \gamma_0 + \gamma_1 treat_c \times post_t + \gamma_2 invest_{it} + \gamma_3 x_{ict} + \mu_i + \varphi_t + \delta_{rt} + \eta_{pt} + \varepsilon_{icprt} \quad (8-23)$$

观察表 8-11，模型 49 为未纳入中介因子时城市环境立法影响企业 GTFP 的基准回归结果，这与表 8-2 中模型 5 的研究结论相一致。模型 50 的实证结果显示，$treat_c \times post_t$ 虚拟变量的估计系数显著为正，说明城市环境立法实施会促使存活企业增加投资力度。企业投资额影响 GTFP 的估计结果如模型 51 所示，$invest$ 的估计系数在 1% 的水平下显著为正，即企业投资额的增长能促进 GTFP 提升。合理的解释在于企业投资力度的加大意味着资金以及物质资源等多种要素投入额的增长，技术创新通常需要稳定的现金流支持，充裕的资金流入是实现企业创新的根本保障；物质资源的投入为企业研发创新提供保障，从而对企业 GTFP 产生正向影响。模型 52 为同时纳入自变量与中介变量的回归结果，可以发现，$invest$ 的估计系数显著为正，而 $treat_c \times post_t$ 的估计系数虽为正，但未通过显著性检验，意味着企业投资额为城市环境立法影响企业 GTFP 的完全中介变量，且此结论具有较好的稳健性。综合表 8-11 模型 49 至模型 52 的回归结果可知，"环境立法—投资强度—绿色全要素生产率"的传导渠道是成立的，即城市环境立法会通过促进企业加大投资力度提高 GTFP。

表 8-11　　　　　　　　　　机制检验 I

| 被解释变量 | 绿色全要素生产率 | 投资强度 | 绿色全要素生产率 | 绿色全要素生产率 |
| --- | --- | --- | --- | --- |
| | 模型 49 | 模型 50 | 模型 51 | 模型 52 |
| $treat_c \times post_t$ | 0.0101 ***<br>(0.0037) | 0.1134 *<br>(0.0584) | — | 0.0024<br>(0.0046) |

续表

| 被解释变量 | 绿色全要素生产率 | 投资强度 | 绿色全要素生产率 | 绿色全要素生产率 |
|---|---|---|---|---|
| | 模型 49 | 模型 50 | 模型 51 | 模型 52 |
| *invest* | — | — | 0.0022 *** <br> (0.0008) | 0.0022 *** <br> (0.0008) |
| *_cons* | 0.2234 *** <br> (0.0450) | − 5.9020 *** <br> (0.4147) | 0.0580 <br> (0.0469) | 0.0609 <br> (0.0466) |
| 控制变量 | 是 | 是 | 是 | 是 |
| 时间固定效应 | 是 | 是 | 是 | 是 |
| 企业固定效应 | 是 | 是 | 是 | 是 |
| 行业 × 时间固定效应 | 是 | 是 | 是 | 是 |
| 地区 × 时间固定效应 | 是 | 是 | 是 | 是 |
| 样本量 | 95259 | 28591 | 25383 | 25383 |
| $R^2$ | 0.217 | 0.362 | 0.243 | 0.243 |

注：括号内为聚类到城市层面的稳健标准误。***、**、*分别表示在 1%、5%、10% 水平条件下显著。控制变量同表 8 - 2。

资料来源：笔者自制。

　　此外，本章还采用逐步回归的机制检验方法，基于不同投资方向对企业 GTFP 的影响展开实证检验。为确保结论的稳健性，分别选取企业废水治理设施数（*water_facility*）以及废气治理设施数（*gas_facility*）的自然对数值作为企业污染末端治理的代理变量，表 8 - 12 为基于企业投资于末端治理的实证检验结果。模型 53 为城市环境立法影响企业投资的影响结果，这与表 8 - 11 中模型 50 的结论一致。模型 54 和模型 55 分别为企业投资影响废水与废气治理设施数的检验结果，可以发现，*invest* 的估计系数均显著为正。模型 56 和模型 57 为污染治理设施数量对企业 GTFP 的估计结果，可以看出，*water_facility* 与 *gas_facility* 的估计系数均为负，说明企业增加在污染防治的末端治理投资时，会使得企业 GTFP 下降，抑制企业绿色转型。可能的原因在于，以"先污染、后治理"为导向的末端治理措施不仅对污染物的去除效果有限，可能还会通过增加治污资金，进而在企业流动资金总量既定的情况下，挤占绿色技术创新方面的研发资金，从而降低企业 GTFP，抑制企业绿色转型。

表8－12 机制检验Ⅱ：基于污染的末端治理

| 被解释变量 | 投资强度 | 企业废水治理设施数 | 企业废气治理设施数 | 绿色全要素生产率 | |
|---|---|---|---|---|---|
| | 模型53 | 模型54 | 模型55 | 模型56 | 模型57 |
| $treat_c \times post_t$ | 0.1134 * (0.0584) | — | — | — | — |
| $invest$ | — | 0.0071 ** (0.0027) | 0.0088 ** (0.0038) | — | — |
| $water\_facility$ | — | — | — | − 0.0120 *** (0.0022) | — |
| $gas\_facility$ | — | — | — | — | − 0.0173 *** (0.0013) |
| $\_cons$ | − 5.9020 *** (0.4147) | − 2.5254 *** (0.1699) | − 5.0048 *** (0.2004) | 0.0209 (0.0453) | 0.0765 * (0.0399) |
| 控制变量 | 是 | 是 | 是 | 是 | 是 |
| 时间固定效应 | 是 | 是 | 是 | 是 | 是 |
| 企业固定效应 | 是 | 是 | 是 | 是 | 是 |
| 行业 × 时间固定效应 | 是 | 是 | 是 | 是 | 是 |
| 地区 × 时间固定效应 | 是 | 是 | 是 | 是 | 是 |
| 样本量 | 28591 | 17443 | 19021 | 59619 | 60038 |
| $R^2$ | 0.362 | 0.285 | 0.407 | 0.238 | 0.242 |

注：括号内为聚类到城市层面的稳健标准误。 *** 、 ** 、 * 分别表示在1%、5%、10%水平条件下显著。控制变量同表8－2。
资料来源：笔者自制。

另外，基于数据的可得性，选取企业研发费用的自然对数值（$research$）与新产品产值占工业总产值的比重（$new\_ratio$）两个指标作为企业污染前端预防的代理变量再次进行检验，实证结果如表8－13所示。一般而言，企业投入于研发费用以及新产品产值的比重越高，意味着企业技术创新能力越强，前端预防的力度越大。模型 58 仍为城市环境立法增加企业投资的检验结果。模型 59 和模型 60 分别为企业投资对研发费用投入以及新产品产值比重的估计结果，可以看出，invest 回归系数均显著为正。模型 61 和模型 62 为企业前端预防强度对 GTFP 的实证检验，结果显示，$research$ 与 $new\_ratio$ 的系数均一致显著为正，说明随着企业加大在污染物前端预防的投资力度时，会显著促进 GTFP 提升。合理的解释是，企业加大在前端预防方面的资金投入不仅有助于改善环境质量，还能加快企业清洁生产技术革新与推广应用的步伐（Ouyang X L et al.，2020），促使企业走集约型的发展道路，进而有利于提高企业 GTFP。表 8 – 13 的实证结果表明，相比于末端治理，投资于前端预防对 GTFP 的提升效应更为显著。

表 8 – 13　　　　　　　　机制检验Ⅲ：基于污染的前端预防

| 被解释变量 | 投资强度 | 企业研发费用 | 新产品产值占工业总产值的比重 | 绿色全要素生产率 | |
|---|---|---|---|---|---|
| | 模型 58 | 模型 59 | 模型 60 | 模型 61 | 模型 62 |
| $treat_c \times post_t$ | 0. 1134 *<br>(0. 0584) | — | — | — | — |
| $invest$ | — | 0. 0554 ***<br>(0. 0189) | 0. 0026 ***<br>(0. 0005) | — | — |
| $research$ | — | — | — | 0. 0020 *<br>(0. 0011) | — |
| $new\_ratio$ | — | — | — | — | 0. 0423 ***<br>(0. 0064) |
| $\_cons$ | – 5. 9020 ***<br>(0. 4147) | – 6. 3341 ***<br>(0. 6084) | – 0. 4730 ***<br>(0. 0351) | – 0. 2468 ***<br>(0. 0698) | 0. 2497 ***<br>(0. 0457) |
| 控制变量 | 是 | 是 | 是 | 是 | 是 |
| 时间固定效应 | 是 | 是 | 是 | 是 | 是 |
| 企业固定效应 | 是 | 是 | 是 | 是 | 是 |

| 被解释变量 | 投资强度 | 企业研发费用 | 新产品产值占工业总产值的比重 | 绿色全要素生产率 | |
|---|---|---|---|---|---|
| | 模型58 | 模型59 | 模型60 | 模型61 | 模型62 |
| 行业×时间固定效应 | 是 | 是 | 是 | 是 | 是 |
| 地区×时间固定效应 | 是 | 是 | 是 | 是 | 是 |
| 样本量 | 28591 | 2891 | 28591 | 4892 | 94020 |
| $R^2$ | 0.362 | 0.466 | 0.168 | 0.154 | 0.220 |

注：括号内为聚类到城市层面的稳健标准误。***、**、*分别表示在1%、5%、10%水平条件下显著。控制变量同表8-2。

资料来源：笔者自制。

## 8.5

# 拓展性分析

### 8.5.1　异质性城市环境立法类型

城市环境立法的形式较为多样，既包括形成城市环境立法基本走向与框架的综合性环境立法，例如《环境保护条例》等，也包括针对水、大气以及固体废弃物等特定污染物实施的不同类型《污染物防治条例》。通过收集各城市环境保护局公布的法规信息，最终选取《环境保护条例》来反映综合性城市环境立法状况，并选取与水、大气和固体废弃物污染相关的环境立法对应特定污染物的环境立法状况。此外，为考察不同类型环境立法对企业GTFP的影响是否会由于企业处于不同污染程度的行业而产生差异，通过选取行业污染密集度指标，进一步识别城市环境立法的政策净效应。具体而言，将企业排放的废水、废气、化学需氧量、二氧化硫、氮氧化合物与工业增加值按行业加总，得到行业层面各项污染物的单位增加值排放量，标准化处理后简单平均，获得 $r$ 行业第 $t$ 年的污染密集度指标，最后对 2001～2012 年行业污染密集度取

平均值即得到 $r$ 行业的平均污染程度指标。当行业平均污染密集度低于行业污染程度的中位数时，则界定为低污染行业，反之则为高污染行业。考虑到结论的稳健性，依旧引入企业规模等全部控制变量，同时固定企业、时间、行业随时间变化以及地区随时间变化的固定效应，实证结果如表 8 – 14 所示。

表 8 – 14　　　　　　　　拓展性分析 I：异质性立法类型

| 被解释变量 | 绿色全要素生产率 | | | | | | | |
|---|---|---|---|---|---|---|---|---|
| | 综合性立法 | | 水污染立法 | | 大气污染立法 | | 固体废弃物污染立法 | |
| | 行业污染密集度 | | | | | | | |
| | 低 | 高 | 低 | 高 | 低 | 高 | 低 | 高 |
| | 模型 63 | 模型 64 | 模型 65 | 模型 66 | 模型 67 | 模型 68 | 模型 69 | 模型 70 |
| $treat_c \times post_t$ | 0.0065<br>(0.0044) | 0.0071<br>(0.0087) | 0.0111 *<br>(0.0057) | 0.0006<br>(0.0070) | 0.0145 **<br>(0.0056) | 0.0036<br>(0.0087) | 0.0094<br>(0.0071) | 0.0402 ***<br>(0.0074) |
| _cons | 0.1691 ***<br>(0.0478) | 0.3753 ***<br>(0.0546) | 0.1717 ***<br>(0.0479) | 0.3693 ***<br>(0.0561) | 0.1752 ***<br>(0.0481) | 0.3714 ***<br>(0.0551) | 0.1648 ***<br>(0.0475) | 0.3768 ***<br>(0.0536) |
| 控制变量 | 是 | 是 | 是 | 是 | 是 | 是 | 是 | 是 |
| 时间固定效应 | 是 | 是 | 是 | 是 | 是 | 是 | 是 | 是 |
| 企业固定效应 | 是 | 是 | 是 | 是 | 是 | 是 | 是 | 是 |
| 行业×时间固定效应 | 是 | 是 | 是 | 是 | 是 | 是 | 是 | 是 |
| 地区×时间固定效应 | 是 | 是 | 是 | 是 | 是 | 是 | 是 | 是 |
| 样本量 | 68147 | 27135 | 68147 | 27135 | 68147 | 27135 | 68147 | 27135 |
| $R^2$ | 0.214 | 0.209 | 0.214 | 0.209 | 0.214 | 0.209 | 0.214 | 0.210 |

注：括号内为聚类到城市层面的稳健标准误。*** 、 ** 、 * 分别表示在 1%、5%、10% 水平条件下显著。控制变量同表 8 – 2。

资料来源：笔者自制。

模型 63 至模型 70 分别为综合性环境立法、水、大气以及固体废弃物环境立法对企业 GTFP 的实证检验结果，$treat_c \times post_t$ 虚拟变量的估计系数虽然一致为正，但显著性却不同。首先，综合性环境立法对企业 GTFP 的提升作用未通过显著性检验，针对水、大气以及固体废弃物等特定污染物而实施的环境立法均对 GTFP 产生显著正向影响，可能的原因在于法律效力的差异性。综合性环境立法侧重于搭建城市立法框架，具备更强的指导性与概括性，而基于特定污染物实施的立法具备清晰的执法管制区域、部门、对象与方式，在适用范围以及执法方式上的明确性与可操作性更强。其次，固体废弃物污染立法仅提升高污染密集度行业内的企业 GTFP，对处于低污染行业企业的影响并不显著，这可能是因为在样本期内，针对固体废弃物污染的环境立法数量较少，仅存在 9 件。同时，从具体法律文本上看，此条例的污染防治标准较低，法律效力不足。因而仅对处于高污染行业的企业 GTFP 产生一定的影响，难以对低污染行业企业 GTFP 产生显著影响。

## 8.5.2 异质性城市环境立法强度

为进一步考察异质性城市环境立法强度对企业 GTFP 的影响，利用 Python 软件对样本期内所有城市环境立法的法律文本进行量化分析，构建了衡量异质性城市环境立法强度指标。首先，利用 simhash 算法对城市内所有环境立法的法律文本进行去重[①]。其次，设定法律文本中能反映环境立法强度的 16 个关键词：标准、处罚、罚款、管理、禁止、警告、举报、控制、没收、强制、淘汰、提倡、停止、投诉、责令、整改，利用 Python 对去重后的法律文本进行自动抓取，统计得到每个城市所有环境立法中各关键词出现的频次。最后，引入熵值法对各关键词进行客观赋权，基于熵的综合评价模型构建各实验组城市环境立法强度指标。

将构建所得的城市环境立法强度指标从小到大排序后进行三等分，第一等分组设定为低环境立法强度城市，第二、第三等分组划分为高环境立法强度城市，分样本估计结果如表 8 – 15 所示。可以看到，$treat_c \times post_t$ 虚拟变量的估计系数均为正，但显著性却存在差异。模型 71 和模型 72 为城市环境立

---

① 限于篇幅，详细测算请见曼库（Manku G S et al.，2007）的研究。

法强度较低时的估计结果，不论是否纳入控制变量，$treat_c \times post_t$ 虚拟变量的估计系数均未通过显著性检验。模型 73 和模型 74 的结果显示，当企业处于高城市环境立法强度时，能显著促进 GTFP 提升。同时，设定城市环境立法强度虚拟变量 $int$，$int = 1$ 为高城市环境立法强度，$int = 0$ 为低城市环境立法强度，相应的三重差分估计结果如模型 75 和模型 76 所示。可以发现，与较低的立法强度相比，高环境立法强度对企业 GTFP 具有更大的提升效应。可能的原因在于环境立法作为命令控制型的环境规制方式，主要通过法律文本形式对企业行为进行约束，具有科学性与强制性。因此，随着城市环境立法强度的增强，企业在利润最大化的驱使下，会加大清洁生产技术的投入力度，使得环境立法对企业 GTFP 激励提升效应更为显著。

表 8 - 15　　　　　　　　　拓展性分析 Ⅱ：异质性立法强度

| 被解释变量 | 绿色全要素生产率 | | | | | |
| --- | --- | --- | --- | --- | --- | --- |
| | 低立法强度 | | 高立法强度 | | 三重差分 | |
| | 模型 71 | 模型 72 | 模型 73 | 模型 74 | 模型 75 | 模型 76 |
| $treat_c \times post_t$ | 0.0040<br>(0.0062) | 0.0028<br>(0.0102) | 0.0105 **<br>(0.0052) | 0.0094 *<br>(0.0051) | — | — |
| $treat_c \times post_t \times int$ | — | — | — | — | 0.0174 *<br>(0.0097) | 0.0186 *<br>(0.0102) |
| _cons | 0.1685 ***<br>(0.0034) | 0.0091<br>(0.0771) | 0.1686 ***<br>(0.0014) | 0.2499 ***<br>(0.0510) | 0.1691 ***<br>(0.0012) | 0.2173 ***<br>(0.0451) |
| 控制变量 | 否 | 是 | 否 | 是 | 否 | 是 |
| 时间固定效应 | 是 | 是 | 是 | 是 | 是 | 是 |
| 企业固定效应 | 是 | 是 | 是 | 是 | 是 | 是 |
| 行业×时间固定效应 | 是 | 是 | 是 | 是 | 是 | 是 |
| 地区×时间固定效应 | 是 | 是 | 是 | 是 | 是 | 是 |
| 样本量 | 20126 | 11819 | 138999 | 83439 | 159125 | 95259 |
| $R^2$ | 0.232 | 0.276 | 0.185 | 0.211 | 0.189 | 0.217 |

注：括号内为聚类到城市层面的稳健标准误。 ***、**、* 分别表示在 1%、5%、10% 水平条件下显著。控制变量同表 8 - 2。

资料来源：笔者自制。

8.6

## 本 章 小 结

完善城市环境立法体系，促进企业绿色转型是贯彻新发展理念、保障城市空间扩张过程中的生态环境治理、实现"碳达峰、碳中和"战略目标的有效路径。本章以松弛向量度量的 DSBM 模型所测算的企业绿色全要素生产率（GTFP）作为衡量企业绿色转型的代理变量，将城市环境立法纳入异质性企业的局部均衡分析框架，从理论层面揭示了其影响企业 GTFP 的作用机制。其次，以城市环境立法为准自然实验，运用 DID 模型对上述机制进行多重实证检验，结果显示城市环境立法有利于企业绿色转型升级，显著提升了城市生态环境治理绩效，且这一结论在进行倾向得分匹配、安慰剂检验、考虑内生性问题、排除其他政策干扰以及替换核心指标测算方法等情境下依旧稳健。异质性分析表明，城市环境立法对非国有企业、低融资约束企业、低污染排放强度企业以及属于资本密集型行业、两控区与中原城市群内企业 GTFP 的提升效应更为显著。机制检验发现，环境立法主要通过激励企业增加投资力度促进企业 GTFP 提升。其中，相比于污染防治的末端治理，企业加大在前端预防方面的投资力度对企业 GTFP 具有更显著的提升效应。此外，拓展性分析表明，环境立法对企业 GTFP 的影响会因立法类型与强度的不同而产生差异。水、大气以及固体废弃物污染防治立法对 GTFP 的正向影响更为显著。进一步运用 simhash 算法与熵值法构建城市环境立法强度综合指标的实证分析显示，随着城市环境立法强度的增强，其对企业 GTFP 的提升效应增大。

上述研究结论对准确定位影响企业绿色转型的关键因素，以环境立法提升企业 GTFP，协同推进城市空间扩张与城市生态环境治理具有重要的政策启示。第一，确保城市环境立法实施的持续性，持续健全和完善城市环境立法体系。本章的研究结论显示，城市环境立法对企业 GTFP 的影响存在时滞性，当采取"运动式"环境执法时，受管制企业无法在短时间内实现清洁技术的创新转换，只能选择被动减产或退出市场，创新激励渠道被阻断，企业 GTFP

不能得到有效提升。第二，因地制宜制定差异性的城市环境立法，激发企业市场主体创新活力。城市环境立法带来的 GTFP 提升效应存在企业、行业以及城市层面的异质性，因此，城市环境立法应依据本区域内实际经济发展水平与环境状况，因地制宜制定具有本地特色、符合本地区可持续发展的城市环境立法，并进行持续修订完善。此外，各地方政府在制定污染排放标准时，应依据企业与行业自身的异质性特征制定相应的差异化标准。第三，提升城市金融发展水平，推动和完善绿色金融制度设计，破解企业融资约束难题，助力企业绿色转型。清洁生产技术创新是实现企业 GTFP 提升的内在动力，然而创新存在高风险、高成本与长周期的特性。因此，地方政府应建立健全多层级的金融资本市场，加强对企业绿色技术创新环节的补贴力度，完善投融资担保与风险补偿制度，优化融资软环境，并综合运用财政贴息、税收优惠等手段发展绿色金融，为企业绿色转型提供多重保障。

# 第9章

# 主要结论与政策建议

　　本章对全书进行总结，并基于理论机制的解析和计量方法的实证检验给出了主要结论，这对政府部门准确研判城市化发展过程中出现的新趋势和新特点、妥善解决我国城市化进程中所面临的城市空间扩张及生态环境约束等问题具有重要的理论意义和实践价值。同时，本章还指出了本书需要进一步探索的方向和应当思考的问题。

## 9.1
## 主 要 结 论

　　面对新发展格局，我国尽管同时面临外部环境的不确定性风险以及对内的疫情防控压力，但在经济发展方面仍取得举世瞩目的成就。2021 年 GDP 规模约为 114.4 万亿元，占全球经济比重超过 18%；自 1978 年以来，城市化率年均增长 1.09 个百分点，已达到 64.72%。新时代中国经济发展和城市化建设取得了巨大成就，但我们还应看到与城市化水平持续上升相伴而来的是我国城市空间扩张问题的显现及生态环境问题的凸显。城市雾霾污染呈现出波及范围广、爆发频率高、治理难度大、常态化等特征。因此，进入新时代如何有效治理城市空间扩张引致的生态环境问题，加快形成生态文明建设制度体系的长效机制和实施路径，已成为推动我国经济绿色可持续发展的当务之急。

目前，城市空间扩张主要表现为以下两种形态。第一，平面上的扩张，即城市在建城区面积的扩张速度超过人口的增长速度，从而形成一定程度上的空间扩张；第二，立体上的扩张，即城区高楼大厦林立，错落有致，集聚形成不同的功能区，由单中心城市演化为多中心城市。城市空间扩张由单中心城市向多中心演进是今后大中型城市发展的新趋势。本书通过对已有文献的归纳和梳理，发现有关城市空间扩张"后果"的研究中，多关注于城市空间扩张的经济效应，却忽略了城市空间扩张的生态环境效应，进一步探究多中心城市或多中心集聚影响城市生态环境的内在机理并进行实证检验的文献则更少。因此，本书首先从通勤距离、时间与出行方式的改变、城市建筑及基础设施建设、环境规制强度的差异等视角对城市空间扩张和多中心集聚影响生态环境的作用机制进行深入解析；其次分别运用中国地级及以上城市的面板数据对该作用机制进行实证检验；然后实证考察城市空间扩张的生态环境效应，主要包括城市空间扩张导致碳排放增加和多中心结构导致雾霾污染加剧两个方面；最后从理论和实证层面厘清城市创新和环境立法两条路径的生态环境治理举措，这为解决我国城市化过程中所出现的低效率无序扩张和生态环境效应约束以及如何实现新时代中国经济绿色健康可持续发展提供相应的理论指导和实证依据。本书的主要结论如下。

第一，通过对城市空间扩张相关文献的归纳和梳理可知，市场经济是推动城市空间扩张的重要因素。因此，本书从中国基本国情出发，以外商直接投资为切入点，深入探究中国城市空间扩张的成因之谜。具体地，首先厘清外商直接投资影响城市空间扩张的作用机理；然后运用 OLS 估计方法证实外商直接投资对城市空间扩张具有显著的正向影响；为了解决可能存在的内生性问题，本书使用两阶段 GMM 模型再次进行回归分析；同时，为了验证外商直接投资流入的区域差异对城市空间扩张的异质性影响，本书将全部研究样本划分为东部城市群和中西部城市群开展检验；最后，为了进一步验证基准回归结果的稳健性，分别使用"胡焕庸线"东南一侧城市群以及变换被解释变量两种方法再次进行实证研究，结果表明外商直接投资对城市空间扩张的正向影响具有较好的稳健性。

第二，城市空间扩张不仅会对城市生产效率产生影响，也会诱发生态环境问题。遗憾的是，现有研究城市空间扩张影响生态环境的文献较少，而进一步探究多中心集聚影响城市生态环境作用机制的文献则更少。本书从以下三个视角阐述了城市空间扩张和多中心集聚影响城市生态环境的作用机制。首先，城市空间扩张往往会导致公共交通设施配置的相对滞后，使得就业和工作地相距较远的居民在通勤时更多地依赖私家车。通勤时间成本和机会成本的增加以及出行方式的改变也意味着更多的能源消耗，客观上也增加了二氧化碳等环境污染物的排放，破坏了环境质量。其次，城市空间扩张意味着人们居住、生活和经济的活动空间得以扩大，客观上拉动了城市建设需求，意味着城市建筑、基础设施项目的增多。城市建设施工进程的大力推进伴随而来的是能源消耗及粉尘、烟尘等污染物排放的增加，影响了城市生态环境。最后，城市空间扩张也会使制造业企业出于租金等成本考虑迁至城市外围，远离居民集聚区。制造业外迁最为直接的影响便是降低原来周围居民生活环境污染水平，但也可能存在迁入地区政府为吸引企业进驻而放松环境保护监管，同时迁出企业也会出于降低成本而忽视环境保护，两种因素的叠加导致环境规制弱化，进而不利于改善生态环境。综上所述，城市空间扩张主要通过增加通勤时间成本和机会成本、改变出行方式、推进城市建设施工进程以及放松环境规制强度等作用机制对城市生态环境产生影响。

第三，中国虽然已经进入经济增长的"新常态"，但工业化和城市化快速推进的趋势并未改变，这也意味着工业化和城市化双重因素叠加所引致的碳排放压力还会持续加大。鉴于此，本书首先运用 DSMP/OLS 夜间灯光数据和 Landscan 全球人口动态分布数据构建了 2001～2013 年中国 273 个城市全新的蔓延指数，并运用从上至下（top-down）的估计方法对城市层面的二氧化碳排放进行测算；然后运用双向固定效应模型实证检验了城市空间扩张对二氧化碳排放的影响，结果显示：（1）城市空间扩张会导致二氧化碳排放的增加，但随着城市人口规模的扩大这种影响会有所减缓；（2）在考虑城市异质性的情形下，相较于省会城市，地级市的城市空间扩张会显著增加二氧化碳排放；（3）在控制遗漏变量、替换不同的城市空间扩张测度指标及城市二氧化碳排放数据之后，上述结论仍呈现出较好的稳健性。

第四，现有关于空间结构影响环境污染的文献多关注于经济活动的集聚是否有利于降低环境污染，且给出的政策建议多基于经济活动集聚的视角展开。本书的结论表明，多中心的空间结构有利于降低雾霾污染，并且对雾霾污染的影响还受城市间的平均地理距离以及经济发展水平的制约。由此可见，在当前新发展格局下，政府政策应该更多地考虑如何缩短城市间的区际贸易距离以及提高区域内部的经济发展水平。就缩短外围城市到核心城市之间的距离而言，提升城市之间的基础设施建设水平以及推进交通运输部门的技术进步是减少雾霾污染的有效手段。具体而言，本书首先从经济活动空间布局视角，对省域内多中心空间结构影响雾霾污染的作用机制进行深入解析；然后，运用 2SLS 和 IV - FE 等多种计量方法对其作用机制进行实证检验，结果表明，多中心的空间结构有利于减少雾霾污染，多中心指数平均每增加 1%，雾霾污染将会降低 0.212% ~ 0.293%；在考虑内生性之后，多中心指数平均每增加 1%，雾霾污染将会继续下降且这一研究结论具有较好的稳健性。本书还着重考察了各城市间的平均距离、各城市到中心城市的平均距离以及区域经济发展水平对多中心空间结构影响雾霾污染的调节效应，结果显示，只有在各城市间的距离适中且经济发展水平较高的情境下，经济活动的多中心空间分布才更有利于减少雾霾污染。

第五，城市创新不仅是实现城市高质量发展的重要推手，也是践行国家创新驱动发展战略，促进"双循环"新发展格局形成的重要一环。对此，本书以雾霾污染作为城市空间扩张引致环境污染问题的代理变量，尝试从理论与实证层面厘清城市创新和雾霾污染的因果联系，为有效提高环境绩效提供了实证支持。结果显示，城市创新水平的提升有利于减少雾霾污染，且城市创新对人力资本、金融发展以及基础设施水平较高城市的减霾效应更为显著。技术升级效应、结构优化效应及资源集聚效应是提高城市环境绩效的重要传导渠道。值得注意的是，城市创新存在门槛效应，当其越过门槛值之后，才会产生减霾效应。技术驱动型与紧凑集约型城市发展模式能强化创新的减霾效应，而制度创新型与蔓延扩张型城市发展模式则会抑制创新的减霾效应。

第六，完善城市环境立法体系，促进企业绿色转型是贯彻新发展理念、加快构建新发展格局、实现"碳达峰、碳中和"战略目标的有效路径。对此，本书以松弛向量度量的 DSBM 模型测算得到的企业绿色全要素生产率作为衡量企业绿色转型的代理变量；将城市环境立法纳入异质性企业局部均衡分析框架，揭示了其影响企业 GTFP 的内在机理；并以城市环境立法为准自然实验，运用双重差分模型对上述机制进行多重实证检验。结果显示：（1）城市环境立法的实施显著提升了企业 GTFP，有利于推动企业绿色转型升级；（2）城市环境立法对非国有企业、低融资约束企业、低污染排放强度企业以及属于资本密集型行业、两控区与中原城市群企业 GTFP 的促进作用更显著，水、大气以及固体废弃物污染防治环境立法比综合环境立法对企业 GTFP 的影响更大；（3）相比于污染防治的末端治理，激励企业增加前端预防的投资力度更有利于提升企业 GTFP。此外，运用 simhash 算法量化 662 件法律文本的研究还发现，随着城市环境立法强度的增加，其对企业 GTFP 的提升效应更为显著。

9.2

## 政 策 建 议

生态环境问题是关乎新时代我国新型城市化道路和可持续发展的重要议题，而城市空间低密度快速扩张也是当前我国土地资源非集约开发的基本事实。基于以上理论与实证分析所得出的结论，本书的启示有：在土地资源供给既定的前提下，这种低密度快速扩张的城市空间布局模式必将不可持续，现有土地的集约利用以及城市创新能力的提升才是未来我国城市竞争力不断提升和城市生态环境质量改善的主要方向。在新发展阶段，若要破解我国城市空间扩张引致的生态环境效应约束，应充分考虑城市空间结构布局的影响以及污染物排放的空间关联特征，构建"城市空间合理布局"和"环境保护相容"的政策建议体系。

### 9.2.1　持续完善和不断强化生态环境法规建设，构建城市生态环境协同治理体系，有效推动生态环境治理的跨区域联防联控

第一，中央以及地方各级政府应持续完善和强化生态环境法规建设。2021 年 10 月 12 日，习近平在《生物多样性公约》第十五次缔约方大会领导人峰会视频讲话中提出："绿水青山就是金山银山。良好生态环境既是自然财富，也是经济财富，关系经济社会发展潜力和后劲。我们要加快形成绿色发展方式，促进经济发展和环境保护双赢，构建经济与环境协同共进的地球家园。"其实，早在 1984 年我国就颁布了《中华人民共和国水污染防治法》，并在随后的 1996 年、2008 年进行了相应的修订。1987 年我国还颁布了《中华人民共和国大气污染防治法》，并在 1995 年、2000 年、2015 年、2018 年进行多次修订，以适应时代发展，保护环境。进入新时代，政府应继续强化环境法规建设，建立清晰透明的环境保护审查制度，营造一个有助于生态文明建设的"国民待遇"宏观环境。具体而言，一是完善环境保护法律法规政策体系，对高能耗、高污染、高排放的"三高"投资行业进行硬约束。提升环境规制门槛，提高生态环境要素获取成本。二是完善事中事后环境保护监管体制。长期以来"重事前审批，轻事后监管"的惯性管理体制使得环境保护的事后监管体系和行政执法体系滞后于经济发展。因此，应从中央层面进行创新性制度设计，弥合环境保护政策不健全而可能产生的监管盲区或监管空白。政府应将提高事中事后监管能力作为第一要务，完善环境保护信用体系以及监管体系，建立环境保护行业协会组织和政府环境监管互为补充的高效多元化市场网络监管体系。

第二，构建常态化城市生态环境协同治理体系，有效推动跨区域联防联控。城市空间扩张引致的生态环境问题存在显著的空间溢出效应，尤其是二氧化碳和 PM2.5 等空气污染物不仅会降低本区域空气质量，还会扩散到附近城市。因此，在属地管理的制度下，超越属地管理范围的环境污染责任便难以有效界定。此外，即便将环境约束指标纳入政绩考核范围，地方政府仍将追求 GDP 增长作为最大目标，其后果便是降低地方政府在环境污染治理方面

的主观能动性，进而影响环境污染治理效率。由此可见，属地管理制度与环境污染尤其是气态环境污染物扩散规律并不相符，不能从根本上解决城市间的交叉污染以及重复治理问题，最为重要的是缺乏相应的激励机制，无法调动各城市主体治理环境污染的主观能动性。同时，"向底线赛跑"思维的存在和"污染避难所"效应也会导致单边治理效果大打折扣，进而使得整个区域环境污染治理效率变得低下。应摒弃过去"各自为政""以邻为壑"的属地管理模式，打造"去中心化"和"网络化"的跨区域联防联控治理模式。对此，政府应建立区域环境合作治理委员会，构建常态化的区域反馈机制和信息共享平台，推动污染排放的跨区域联防联控协同治理。此外，政府各部门之间尤其是环保部门与其他部门应进行常态化互动，城市与乡村之间也应进行经常性的互动，这样才能有效发挥多方协同联动效能，真正实现生态环境协同治理。

### 9.2.2 以自由贸易实验区为重要平台，推动和完善绿色金融制度试点设计，打造绿色金融改革先行示范区，助力生态环境质量显著提升

绿色金融是加快推动金融领域供给侧结构性改革，深入推进生态文明建设和全面提升能源利用效率的重要抓手。具体而言，一是充分发挥自由贸易实验区高度自由的制度优势，向上推动以自贸区为试点的绿色金融制度设计，为生态环保产业绿色发展提供必要的政策支持。这需要稳定的政策环境，包括环境要素确权，明确市场机制；要将环境和社会的风险都纳入大环保的范围之内；着重培育绿色投资者，壮大市场。二是共建拓宽资金来源，综合运用财政贴息、绿色债券、绿色标准、环境风险管理等手段发展绿色金融。一方面要发挥资金的杠杆效应，撬动数倍以上的资金支持，除国家开发银行外，还可通过发行绿色债券、资产证券化等多元化融资渠道引导社会资金投入；另一方面要不断完善财政贴息、专项资金、财政补贴、税收优惠等多种财政宏观调控手段。三是要不断推进绿色金融产品与服务的创新实践，充分利用自贸区高度自由的制度优势和兼容并包的市场环境，推出一系列更加容易落

地和更契合中国特色的绿色金融项目，不断丰富绿色信贷、绿色债券等绿色金融产品与服务，建立多渠道、多形式、多功能的融资工具。四是要以城市为重要节点，以绿色金融为重要扶持手段，构建绿色产业发展轴，重点打造城市绿色产业发展圈，形成空间布局合理、区域分工协作、优势互补的绿色产业发展新格局。

## 9.2.3 以高质量发展为重要推手，依靠大数据等信息技术及清洁技术进步破解城市空间扩张生态环境污染约束

为了快速提升工业化和城市化水平，我国在过去的经济发展过程中过度强调经济增长速度的重要性，因而导致"高能耗""高污染""高排放"的重工业的产业结构比重较高，这不仅使得新兴战略性产业发展受限，也导致温室气体排放的增加和生态环境的恶化。在工业化和城市化快速推进的过程中，出现了严重的生态环境问题，意味着以消耗大量化石能源为基础的粗放式发展方式必将难以为继。进入新发展阶段，我国经济发展已由高速增长阶段转向高质量发展阶段。不同于高速发展仅以单维的速度指标来衡量经济增长，高质量发展是具有生产要素投入低、资源配置效率高、资源环境成本低以及经济社会效益好等多维度内涵的质量型发展，是经济发展的高级状态和最优状态（任保平，2018）。高质量发展拥有丰富多元的内涵，应着重关注与创新、协调、绿色、开放、共享五大发展理念关联的核心要义。其中，践行绿色发展理念就是要摒弃过去以化石燃料为基础的"高污染""高排放""高能耗"的粗放增长模式，向依赖清洁能源和技术创新的高质量发展模式转变。高质量发展是实现城市经济可持续发展的应有之义，也是破解城市空间扩张生态环境污染约束的有力抓手，而其着力点则在于通过科学规划城市空间布局以及诱发环保技术创新，进而实现城市空间布局合理和生态环境质量提升的双重目标。具体如下。

第一，依靠大数据信息技术构建生态环境大数据平台，编制生态环境综合治理"一张图"，对生态环境进行实时"状态"监测和精准治理；还可以依靠大数据信息技术，优化城市空间布局，实现降低能耗、提升生态环境质

量的重要目标。2018 年，长江水利委员会编制完成覆盖长江全流域的水资源"一张图"并推广应用。同时，控制断面监管报警平台运行，使长江流域内信息共享，协调统一，实现长江经济带全覆盖的水环境监控系统建设。建立生态环境大数据，利用云计算技术，可以在长江经济带水资源"一张图"的基础上，构建应用广泛的生态环境综合治理"一张图"，这不仅可以对生态环境进行实时"状态"监测，还可以同时进行更有针对性的治理。一是整理和获取全国各城市生态环境信息资源。通过定位具体的环境监测点，对监测到的数据进行筛选和"清洗"，这是构建环境污染预警机制进而精确识别生态环境问题的首要前提。二是利用云计算技术平台搜索生态环境信息数据，在梳理过程中精准识别对预警机制有价值的数据信息。操作云计算技术平台的数据分析工作人员需要清楚哪些数据可以精准解决实际的生态环境问题。三是参考大数据分析结果进行初步判断并精准决策，同时还可以依据大数据信息设计出更为直观的图形、表格和应用程序，构建新的模型再次进行组合分析。四是在特定情况下根据一段时间的监测，量化一些基础的生态环境数据，用于后续监测过程中出现新情况时的决策参考依据以及科学预测分析。五是运用生态环境大数据构建"全国整体型生态环境治理结构体系"，克服"碎片化管理"造成的环境治理效率低下和有效性缺乏等问题。

此外，在进行城市发展规划时，应运用大数据等科学手段优化城市空间布局引导城市空间结构向多中心演变。基于大数据中自带或关联的地理坐标、地址、地名等信息，引导企业、组织机构等各类主体向规划的次级中心流动。待次级中心初步形成之后，再通过政策激励和市场机制等措施培育次级中心，使之形成规模效应和集聚效应，最终使得城市空间结构实现向多中心结构的良性转变，既降低了交通通勤的能源消耗，减少了环境污染物的排放，同时也提高了城市的经济效率。例如上海在宝山、金山等新区规划中都有运用现代技术进行科学合理的规划，实现城市与生态环境间的和谐发展。反之，一些二、三线城市只是在空间上的低密度快速扩展，不仅侵占了大量农田，破坏了生态环境，同时效率也较为低下，并没有实现城市经济和生态环境的可持续发展。

第二，以高质量发展为有力抓手，诱导清洁型环保技术进步，实现城市生产侧和消费侧的低能耗、低污染和低排放，进而提升城市生态环境质量。传统产业的清洁化生产改造、大力发展清洁型产业、积极推进生产和消费侧的清洁化发展是提升我国城市生态环境质量的有效途径，但其实现离不开清洁型环保技术进步。清洁型环保技术有狭义和广义之分。狭义的清洁型环保技术仅指清洁能源技术；广义的清洁型环保技术是指涉及可再生能源及新能源、煤炭的清洁使用、石油、天然气和煤层气的勘探开发、二氧化碳的捕获与封存等领域所研发的有效控制污染气体排放的技术。清洁型环保技术主要包括以下两方面内容：一是清洁能源技术，主要是指对化石能源的替代，具有无污染气体排放的特征。清洁能源包括可再生能源和核能。可再生能源是指自然中可以不断再生并能规律得到补充或重复利用的能源，如太阳能、风能、水能等。清洁能源技术主要包括太阳能技术、风电技术、核电技术、潮汐能技术等4种类型。二是低能耗技术，即提高化石燃料在内的能源利用效率，尽可能减少污染排放的技术。这类技术主要是使得化石能源高效率利用和实现资源的节约，如超导电网和智能电网技术、煤的清洁高效开发和利用技术、高效发热和保温技术、交通节能减排技术等。

### 9.2.4 推动城市产业结构高级化、合理化发展，不断降低产业能耗水平，提升产业附加值，最终实现清洁化升级

城市产业结构的清洁化升级是指以清洁型环保技术为手段，以实现产业节能、产业减排、产业附加值提升为最终目标的产业结构调整、优化和升级的动态过程。就目前而言，在我国城市产业结构中，传统产业所占比重仍然较高，尤其是钢铁、石油化工、水泥等传统产业具有典型的"三高"特征，即高能耗、高排放、高污染。究其原因，一方面这是由我国工业化发展阶段所决定的；另一方面也与我国多年来形成对粗放型增长模式的路径依赖有密切关系。正因如此，短期内要通过环保技术创新发展新能源来解决传统产业"三高"问题显然并不现实。传统产业由高能耗向低能耗转变不是一蹴而就的，而是一个逐渐推进的过程，同时推进传统产业清洁转

型的过程中，还应遵循产业发展演化的自身规律，逐步淘汰不能升级改造的夕阳型传统"三高"产业；对可以通过引进环保技术改造的传统"三高"产业，要合理引导并依靠先进技术进行优化升级，实现清洁化生产。技术创新是推进传统产业清洁化生产的重要手段，先进的产品技术和生产工艺创新可以改变传统产业的投入产出关系，使不可再生能源要素投入更少，期望产出更多，非期望产出更少，降低对可再生资源的需求。先进环保技术的应用往往也会催生新的需求并创造产业发展新模式，萌生清洁型新产业。

依靠技术创新力量持续推进产业结构清洁化升级的具体路径应包含以下几个方面。一是提供产业清洁化升级所需的专业化生产要素。一方面，产业清洁化升级需要与之相适应的生产要素，如环保技术型人才、专业化的知识以及基础设施、设备等，这也是产业清洁化升级的必要条件；另一方面，产业竞争力提升的关键是专业生产要素水平的高级化发展，而在大学设置相关专业课程、研发清洁环保技术、培养清洁技术型人才等是实现生产要素高级化发展的有效途径。二是构建完整创新体系，凝聚技术创新力量。完整高效的创新体系是凝聚技术创新力量、推动产业清洁升级发展的基础，包括清洁知识创新、清洁技术创新、清洁管理制度创新等内容。三是大力发展"中国制造2025"的新型环保及高附加值产业，强化技术创新和制造业融合，积极促进清洁产业集群的形成，从而促进城市产业结构清洁化升级与价值链攀升。借鉴产业集群的概念，清洁产业集群是指在地理上集中的清洁产业、清洁相关产业及清洁环保技术支持产业的聚集。清洁产业集群同样也强调产业之间的紧密联系。清洁相关产业是指因分享营销渠道、服务，共同使用一些清洁环保技术而联系在一起的产业或者是与清洁型产业具有互补性的产业。清洁环保技术支持产业主要是指为清洁产业提供原材料、零部件、机械设备等处于产业链上游的相关产业，如太阳能产业集群、风电产业集群等。依据增长极理论，经济增长在地理空间上是非均衡的，通常是从一个或多个增长中心逐渐向其他部门或区域传导的，若将推动性产业嵌入到某个区域，形成聚集经济，产生一个或多个增长中心，就会推动整个区域经济增长。清洁型产业作为朝阳产业，以工业园区为载体，可以通过政策引导和税收激励等手段，促使清洁型产业在特定区域聚集，产生一个或多个增长中心，形成清洁产业集群，从而既保证了经济增长，也实现了改善城市生态环境质量的目标。综上可知，通过凝聚技术创新力量，推动产业清洁化升级，可以实现经济持续增长和城市生态环境质量提升的双赢目标。

## 9.2.5　因地制宜探索城市生态环境治理路径以及生态环境质量显著改善的多维举措

城市空间扩张会增加二氧化碳排放，但随着城市人口规模的扩大，这种影响会有所减缓；与省会城市相比，中小城市的城市空间扩张反而会显著增加二氧化碳排放。因此，鉴于城市异质性的存在，应该针对不同城市实施因地制宜的二氧化碳减排路径措施，既要规避"向底线竞争"效应，也要防止二氧化碳排放在不同城市之间的泄漏转移。具体地，一是针对空间过度拥挤的大型城市而言，可以通过建立城市次级中心、科学规划产业园区和大学城等城市专业功能区，引导人口向各功能分区集聚，这有利于降低因通勤和人口集聚产生的环境污染，也有利于治理大城市病。二是针对经济发展相对落后的二三线城市而言，其在承接发达地区产业转移的过程中，应进行科学合理的城市规划，充分吸收和借鉴发达国家"精明管理和精明增长"的城市规划理念，全面严格地落实环保标准并努力培育良好的生态系统。同时，地方政府应采取多种措施有效矫正因土地资源要素扭曲引致的"重土地城市化，轻人口城市化"的发展模式；还应将重点放在产业结构优化重塑和价值链提升上，加快实现城市发展与生态环境污染的"脱钩"。三是针对经济发展最为落后的三四线城市尤其是一些西部地区的城市而言，其生态环境本身较差，生态环境承载力阈值也较低，因此在其城市发展过程中应该走紧凑集约型的土地利用模式，坚守城市生态红线，严守城市生态基底。与此同时，还应该促进产业结构与人口协同集聚，若依旧依赖低密度快速扩张的城市发展模式，只顾经济发展而持续忽略城市生态环境保护，不仅会导致污染排放增多，也会使得污染治理边际成本持续上升，从而对城市生态环境产生不可修复的破坏性影响。

多中心的空间结构有利于降低雾霾污染，并且其对雾霾污染的影响还受城市间的平均距离以及经济发展水平的制约。由此可见，在当前新发展格局下，政府政策应该更多地考虑如何缩短城市之间的区际贸易距离以及提高区域内部的经济发展水平。具体就缩短外围城市到核心城市之间的距离而言，提升城市之间的基础设施建设水平以及推进交通运输部门的技术进步是降低雾霾污染的有效手段。对此，政府应持续加大对公共交通基础设施投资建设力度，大力发展高速铁路、高速公路，形成网络化、便利化的交通网络结构，缩短不同城市间的时空距离，从而降低区际贸易成本；鼓励和扶持新能源产业的发展，提高机动车尾气排放标准，向依赖清洁型环保技术的交通运输模式转变。

## 9.2.6 持续优化城市内及城市间交通网络，大力发展清洁能源交通工具，鼓励绿色出行，降低通勤能源消耗

制定科学系统的城市交通规划，不断优化城市内及城市间交通网络结构是降低交通通勤能源消耗的有效路径。此前，发达国家一些城市的经验已表明，综合了城市交通基础设施、城市土地规模和人口分布特征等多种因素的城市交通规划具有减少土地资源浪费和降低非必要交通出行需求的作用。这是因为科学系统的交通发展规划可以明晰城市交通建设的重点，合理有序地安排交通建设进程。当前，我国一些城市尤其是城市间的交通发展规划还处于较为无序的状态，同一城市多部门管理权责交叉，不同城市间相同部门的权责推诿，通常使所制定的发展规划难以施行。对此，为优化城市内及城市间交通网络，鼓励绿色出行，降低通勤能源消耗，应从以下几个方面入手。

第一，构建强有力且常态化的多部门跨区域协调机制。城市生态环境管理部门依据有关政策法规，制订降低城市内及城市间交通能耗和污染物排放的具体目标和分配方案，明确具体责任和牵头负责主体。同时，基于构建的常态化协调机制，不断强化同一城市不同部门、不同城市相同部门的密切协作功能，形成多部门有效联动的管理格局，最终产生降低城市通勤能耗和减

少污染物排放的强大合力。

第二，持续优化城市内及城市间交通网络布局。在城市内部，应该结合城市中心空间结构特征，完善和优化公共交通基础设施布局，满足居民公交出行需求。在进行城市新区建设的过程中，要以完善的交通基础设施规划引导新区开发，以公共交通枢纽作为新区开发原点，在中心枢纽区域附近进行高密度多形态的土地利用开发，并通过科学精细的城市交通规划解决"最后一公里"难题，即设计出适宜步行或者共享单车至公共交通车站的出行环境。此外，政府还应积极推进智能公共交通系统建设，通过电子路牌显示公共交通工具运行速度、经过站点等实时信息，居民也可以运用智能手机进行实时查询。以上可以增强居民对公共交通服务的认可度，提升公共交通吸引力，进而降低私家车出行需求，减少交通出行能耗及污染物排放。在不同城市之间，动态调整和优化高速铁路运行网络，基于大数据平台，科学预判出行高峰、低谷，从而增加或减少发车频次和时间。同时，还要提升目的地城市公共交通接驳站场建设，适当增加公交车辆和线路，实现"零距离换乘和无缝化衔接"，从而降低不同城市间交通出行的时间成本，减少出行污染物排放水平。

第三，强制提升传统交通出行车辆排放标准，大力推广新能源汽车在各领域的应用。早在 2016 年 12 月，生态环境部就发布公告，自 2020 年 7 月 1 日起，所有销售和注册登记的轻型汽车应符合国 Ⅵ 排放标准。其主要目的就是要将不符合环保要求的高能耗、高污染排放的老旧交通车辆淘汰出市场，从而减少汽车尾气排放对城市生态环境的污染。对混合动力、氢动力等新能源汽车的研发和生产，政府不仅要在生产侧进行补贴，同时也要在消费侧进行支持，鼓励居民购买节能与新能源汽车，实现对老旧汽车的替代与淘汰。此外，在公共交通、出租车和物流运输等领域率先推广清洁能源汽车的使用并不断提升其比重。为了解决节能和新能源汽车充电和加气难的问题，要给予政策倾斜，依据科学规划、分步实施、统筹管理的原则，引导民间资本参与到节能和新能源汽车配套设施建设中来。

9.3

## 不足与展望

本书通过对既有文献和相关理论的梳理，结合区域经济学、城市经济学和环境经济学等交叉学科扎实的专业知识构建了相应的理论分析框架；在理论分析的基础上，基于 DSMP/OLS 夜间灯光数据和 Landscan 全球人口动态分布数据构建中国 273 个城市蔓延指数和城市边界指数；基于卫星监测的全球 PM2.5 浓度年均值的栅格数据，运用 ArcGIS 软件并结合行政区域矢量图提取中国城市层面的 PM2.5 数据；分别采用物料衡算法和基于稳定夜间灯光亮度 DN 值较为准确地估算城市层面的二氧化碳排放；综合运用多种估计方法对城市空间扩张和多中心集聚影响生态环境的作用机制进行实证检验，并最终提出有效解决城市空间扩张过程中面临的生态环境等问题的系统性政策方案。总体而言，本书具有一定的创新，但也存在一定的不足。

第一，今后研究中应搜集、挖掘更精细和更长样本区间的数据，从更长远的样本区间切入，对城市空间扩张的生态环境效应进行解析。鉴于数据的可获得性，受限于 DSMP/OLS 夜间气象卫星灯光数据和 Landscan 全球人口动态分布数据的客观约束，城市空间扩张指标样本区间为 2001 ~ 2013 年，这也使得本书在时效性上存在一定的局限性。随着信息技术的进步，本书也期待在将来能够获取最新的数据，对于现有指标进行更新，并检验本书所得结论的稳健性。

第二，今后研究中应探索运用更加科学合理的方法测算交通通勤的环境污染排放。在我国城市化快速推进的过程中，城市内及城市间交通系统的能源消耗量巨大。因此，有效降低城市内或城市间交通通勤引致的环境污染排放问题也是中国应对全球气候变化与实现经济高质量发展的重要目标。现有自然科学研究中已经提出了较为科学的方法，即运用泰森多边形与交通小区空间叠加的方法来测算交通出勤引致的环境污染。该方法可以通过通勤居民所在小区来描述统计通勤环境污染物排放的空间分布特征，克服城市空间上居民交通通勤环境污染物排放分布统计不连续的问题。现有研究运用该方法测算后发现，环行公路、放射型公路周边以及城市外围区域的环境污染物排放量要高于城市中心区域，交通通勤环境污染物排放与家庭拥有私家车空间分布特征是一致的。

第三，今后研究中应构建更加完善的指标评价体系，对中国城市空间扩张过程中的生态环境问题进行量化评估，力求提出更有针对性、更有说服力和更有操作性的政策建议，为探索中国城市经济高质量发展做出应有的贡献。现有研究中所存在的不足催生了未来研究的方向，人文社会科学的研究也是一个不断循环累积与传承延续的过程，需要更长时间的理论知识积累、更多新方法的应用与更多的实践观察。未来将以更加科学严谨的研究作风，以力求创新的研究理念，不断完善本书的相关研究。

# 参 考 文 献

［1］J·保罗·埃尔霍斯特 . 空间计量经济学：从横截面数据到空间面板
［M］. 肖光恩，译 . 北京：中国人民大学出版社，2015.

［2］J M. 汤姆逊 . 城市布局与交通规划 ［M］. 倪文彦，陶吴馨，译 . 北
京：中国建筑工业出版社，1982.

［3］巴曙松，刘孝红，牛播坤 . 转型时期中国金融体系中的地方治理与
银行改革的互动研究 ［J］. 金融研究，2005（5）.

［4］曹春方 . 政治权力转移与公司投资：中国的逻辑 ［J］. 管理世界，
2013（1）.

［5］曹清峰，王家庭 . 中国城市蔓延的驱动因素分析及其贡献分解 ［J］.
兰州学刊，2019（2）.

［6］陈德敏，张瑞 . 环境规制对中国全要素能源效率的影响——基于省
际面板数据的实证检验 ［J］. 经济科学，2012（4）.

［7］陈关聚 . 中国制造业全要素能源效率及影响因素研究——基于面板
数据的随机前沿分析 ［J］. 中国软科学，2014（1）.

［8］陈国进，王少谦 . 经济政策不确定性如何影响企业投资行为 ［J］.
财贸经济，2016，37（5）.

［9］陈国进，张润泽，赵向琴 . 政策不确定性、消费行为与股票资产定
价 ［J］. 世界经济，2017（1）.

［10］陈建华 . 上海的城市发展阶段与郊区新城建设研究 ［J］. 上海经济
研究，2009（8）.

［11］陈军，成金华．内生创新、人文发展与中国的能源效率［J］．中国人口·资源与环境，2010（4）．

［12］陈鹏．基于土地制度视角的我国城市蔓延的形成与控制研究［J］．规划师，2007，23（3）．

［13］陈诗一，陈登科．雾霾污染、政府治理与经济高质量发展［J］．经济研究，2018，53（2）．

［14］陈阳，逯进，于平．技术创新减少环境污染了吗？——来自中国285个城市的经验证据［J］．西安交通大学学报（社会科学版），2019，39（1）．

［15］陈钊，陆铭．首位城市该多大？——国家规模、全球化和城市化的影响［J］．学术月刊，2014，46（5）．

［16］丁成日．城市空间规划：理论、方法与实践［M］．北京：高等教育出版社，2007．

［17］范剑勇．产业集聚与地区间劳动生产率差异［J］．经济研究，2006（11）．

［18］范子英，赵仁杰．法治强化能够促进污染治理吗？——来自环保法庭设立的证据［J］．经济研究，2019，54（3）．

［19］方创琳．中国城市群研究取得的重要进展与未来发展方向［J］．地理学报，2014，69（8）．

［20］冯科．城市用地蔓延的定量表达、机理分析及其调控策略研究［D］．杭州：浙江大学，2010．

［21］郭琪，贺灿飞．密度、距离、分割与城市劳动生产率——基于中国2004～2009年城市面板数据的经验研究［J］．中国软科学，2012（11）．

［22］郭庆旺，贾俊雪．地方政府行为、投资冲动与宏观经济稳定［J］．管理世界，2006（5）．

［23］郭腾云，董冠鹏．基于GIS和DEA的特大城市空间紧凑度与城市效率分析［J］．地球信息科学学报，2009，11（4）．

［24］郭晔．货币政策与财政政策的分区域产业效应比较［J］．统计研究，2011，28（3）．

［25］郭志勇，顾乃华．制度变迁、土地财政与外延式城市扩张——一个解释我国城市化和产业结构虚高现象的新视角［J］．社会科学研究，2013（1）．

［26］洪世键，张京祥．城市蔓延机理与治理：基于经济与制度的分析［M］．南京：东南大学出版社，2012．

［27］胡鞍钢，郑京海，高宇宁，等．考虑环境因素的省级技术效率排名1999～2005［J］．经济学（季刊），2008，7（3）．

［28］胡杰，李庆云，韦颜秋．我国新型城镇化存在的问题与演进动力研究综述［J］．城市发展研究，2014，21（1）．

［29］黄建中，蔡军．对我国城市混合交通问题的思考［J］．城市规划学刊，2006（2）．

［30］黄宁，郭平．经济政策不确定性对宏观经济的影响及其区域差异——基于省级面板数据的 PVAR 模型分析［J］．财经科学，2015（6）．

［31］黄寿峰．财政分权对中国雾霾影响的研究［J］．世界经济，2017，40（2）．

［32］贾倩，孔祥，孙铮．政策不确定性与企业投资行为——基于省级地方官员变更的实证检验［J］．财经研究，2013，39（2）．

［33］江曼琦，席强敏．中国主要城市化地区测度——基于人口聚集视角［J］．中国社会科学，2015（8）．

［34］蒋芳，刘盛和，袁弘．北京城市蔓延的测度与分析［J］．地理学报，2007，62（6）．

［35］金雪军，钟意，王义中．政策不确定性的宏观经济后果［J］．经济理论与经济管理，2014，34（2）．

［36］柯善咨，姚德龙．工业集聚与城市劳动生产率的因果关系和决定因素——中国城市的空间计量经济联立方程分析［J］．数量经济技术经济研究，2008（12）．

［37］寇宗来，刘学悦．中国城市和产业创新力报告2017［R］．上海：复旦大学产业发展研究中心，2017．

［38］雷明，虞晓雯．地方财政支出、环境规制与我国低碳经济转型［J］．

经济科学，2013（5）.

［39］李凤羽，杨墨竹. 经济政策不确定性会抑制企业投资吗？——基于中国经济政策不确定指数的实证研究［J］. 金融研究，2015（4）.

［40］李强，陈宇琳，刘精明. 中国城镇化"推进模式"研究［J］. 中国社会科学，2012（7）.

［41］李强，高楠. 城市蔓延的生态环境效应研究——基于34个大中城市面板数据的分析［J］. 中国人口科学，2016（6）.

［42］李强，杨开忠. 城市蔓延［M］. 北京：机械工业出版社，2007.

［43］李晓钟，陈涵乐，张小蒂. 信息产业与制造业融合的绩效研究——基于浙江省的数据［J］. 中国软科学，2017（1）.

［44］李筱乐. 市场化、工业集聚和环境污染的实证分析［J］. 统计研究，2014，31（8）.

［45］李效顺，曲福田，陈友偲，等. 经济发展与城市蔓延的Logistic曲线假说及其验证——基于华东地区典型城市的考察［J］. 自然资源学报，2012（5）.

［46］李一曼，修春亮，其布日，等. 长春城市蔓延测度与治理对策研究［J］. 地域研究与开发，2013（2）.

［47］李永乐，吴群. 中国式分权与城市扩张——基于公地悲剧的再解释［J］. 资源科学，2013，35（1）.

［48］李勇，李振宇，江玉林，等. 借鉴国际经验探讨城市交通治污减霾策略［J］. 环境保护，2014（2）.

［49］梁若冰，席鹏辉. 轨道交通对空气污染的异质性影响——基于RDID方法的经验研究［J］. 中国工业经济，2016（3）.

［50］刘秉镰，郑立波. 中国城市郊区化的特点及动力机制［J］. 理论学刊，2004（10）.

［51］刘伯龙，袁晓玲，张占军. 城镇化推进对雾霾污染的影响——基于中国省级动态面板数据的经验分析［J］. 城市发展研究，2015（9）.

［52］刘洪铎，陈和. 目的国经济政策不确定性对来源国出口动态的影响［J］. 经济与管理研究，2016（9）.

[53] 刘军，程中华，李廉水. 产业聚集与环境污染 [J]. 科研管理. 2016，37 (6).

[54] 刘琳，郑建明. 地方官员变更与外资专用性投资——基于中国省际面板数据的实证研究 [J]. 国际贸易问题，2017 (7).

[55] 刘瑞超，陈东景，路兰. 土地财政对城市蔓延的影响 [J]. 城市问题，2018 (5).

[56] 刘修岩，李松林，秦蒙. 城市空间结构与地区经济效率——兼论中国城镇化发展道路的模式选择 [J]. 管理世界，2017 (1).

[57] 刘修岩，李松林，秦蒙. 开发时滞、市场不确定性与城市蔓延 [J]. 经济研究，2016，51 (8).

[58] 刘修岩. 空间效率与区域平衡：对中国省级层面集聚效应的检验 [J]. 世界经济，2014 (1).

[59] 陆铭，冯皓. 集聚与减排：城市规模差距影响工业污染强度的经验研究 [J]. 世界经济，2014 (7).

[60] 马丽梅，张晓. 中国雾霾污染的空间效应及经济、能源结构影响 [J]. 中国工业经济，2014 (4).

[61] 马强. 走向"精明增长"——从"小汽车城市"到"公共交通城市" [M]. 北京：中国建筑工业出版社，2007.

[62] 毛德凤，彭飞，刘华. 城市扩张、财政分权与环境污染——基于263个地级市面板数据的实证分析 [J]. 中南财经政法大学学报，2016 (5).

[63] 孟庆春，黄伟东，戎晓霞. 灰霾环境下能源效率测算与节能减排潜力分析——基于多非期望产出的 NH – DEA 模型 [J]. 中国管理科学，2016，24 (8).

[64] 欧阳艳艳，黄新飞，钟林明. 企业对外直接投资对母国环境污染的影响：本地效应与空间溢出 [J]. 中国工业经济，2020 (2).

[65] 秦波，戚斌. 城市形态对家庭建筑碳排放的影响——以北京为例 [J]. 国际城市规划，2013，28 (2).

[66] 秦蒙，刘修岩，李松林. 中国的"城市蔓延之谜"——来自政府行为视角的空间面板数据分析 [J]. 经济学动态，2016，(7).

[67] 秦蒙，刘修岩. 城市蔓延是否带来了我国城市生产效率的损失——基于夜间灯光数据的实证研究 [J]. 财经研究，2015，41（7）.

[68] 饶品贵，徐子慧. 经济政策不确定性影响了企业高管变更吗？[J]. 管理世界，2017（1）.

[69] 饶品贵，岳衡，姜国华. 经济政策不确定性与企业投资行为研究 [J]. 世界经济，2017（2）.

[70] 任保平. 新时代中国经济从高速增长转向高质量发展：理论阐释与实践取向 [J]. 学术月刊，2018（3）.

[71] 邵帅，李欣，曹建华，杨莉莉. 中国雾霾污染治理的经济政策选择——基于空间溢出效应的视角 [J]. 经济研究，2016，51（9）.

[72] 施震凯，邵军，王美昌. 外商直接投资对雾霾污染的时空传导效应——基于 SPVAR 模型的实证分析 [J]. 国际贸易问题，2017（9）.

[73] 石大千，丁海，卫平，刘建江. 智慧城市建设能否降低环境污染 [J]. 中国工业经济，2018（6）.

[74] 史丹. 中国能源效率的地区差异与节能潜力分析 [J]. 中国工业经济，2006（10）.

[75] 孙斌栋，潘鑫. 城市空间结构对交通出行影响研究的进展——单中心与多中心的论争 [J]. 城市问题，2008（1）.

[76] 孙传旺，罗源，姚昕. 交通基础设施与城市空气污染——来自中国的经验证据 [J]. 经济研究，2019，54（8）.

[77] 孙群郎. 当代美国郊区的蔓延对生态环境的危害 [J]. 世界历史，2006（5）.

[78] 孙伟增，张晓楠，郑思齐. 空气污染与劳动力的空间流动——基于流动人口就业选址行为的研究 [J]. 经济研究，2019，54（11）.

[79] 孙晓华，郭玉娇. 产业集聚提高了城市生产率吗？——城市规模视角下的门限回归分析 [J]. 财经研究，2013（2）.

[80] 谭峰. 外资与上海城市空间结构变化研究 [D]. 上海：华东师范大学，2005.

[81] 田磊，林建浩，张少华. 政策不确定性是中国经济波动的主要因素

吗——基于混合识别法的创新实证研究 [J]．财贸经济，2017（1）．

[82] 田磊，林建浩．经济政策不确定性兼具产出效应和通胀效应吗？来自中国的经验证据 [J]．南开经济研究，2016（2）．

[83] 汪军．审视中国的城市蔓延——兼对我国城市建设用地控制标准的回顾 [J]．现代城市研究，2012（8）．

[84] 汪克亮，杨宝臣，杨力．考虑环境效应的中国省际全要素能源效率研究 [J]．管理科学，2010，23（6）．

[85] 王兵，聂欣．产业集聚与环境治理：助力还是阻力——来自开发区设立准自然实验的证据 [J]．中国工业经济，2016（12）．

[86] 王兵，张技辉，张华．环境约束下中国省际全要素能源效率实证研究 [J]．经济评论，2011（4）．

[87] 王国刚．城镇化：中国经济发展方式转变的重心所在 [J]．经济研究，2010，45（12）．

[88] 王慧．城市"新经济"发展的空间效应及其启示——以西安市为例 [J]．地理研究，2007，26（3）．

[89] 王家庭，谢郁．房价上涨是否推动了城市蔓延——基于我国35个大中城市面板数据的实证研究 [J]．财经科学，2016（5）．

[90] 王家庭，张俊韬．我国城市蔓延测度：基于35个大中城市面板数据的实证研究 [J]．经济学家，2010（10）．

[91] 王家庭，赵丽，玛树，赵运杰．城市蔓延的表现及其对生态环境的影响 [J]．城市问题，2014，33（5）．

[92] 王岭，刘相锋，熊艳．中央环保督察与空气污染治理——基于地级城市微观面板数据的实证分析 [J]．中国工业经济，2019（10）．

[93] 王书斌，徐盈之．环境规制与雾霾脱钩效应——基于企业投资偏好的视角 [J]．中国工业经济，2015（4）．

[94] 王贤彬，徐现祥，李郇．地方官员更替与经济增长 [J]．经济学（季刊），2009，8（3）．

[95] 王晓红，冯严超．雾霾污染对中国城市发展质量的影响 [J]．中国人口·资源与环境，2019（8）．

［96］王新娜.FDI在发展中国家城市化中的动力作用——基于国外研究的综述［J］.云南财经大学学报，2010，26（6）.

［97］魏楚，沈满洪.能源效率及其影响因素基于DEA的实证分析［J］.管理世界，2007（8）.

［98］魏楚，沈满洪.能源效率研究发展及趋势：一个综述［J］.浙江大学学报（人文社会科学版），2009（3）.

［99］魏守华，陈扬科，陆思桦.城市蔓延、多中心集聚与生产率［J］.中国工业经济，2016（8）.

［100］魏巍贤，马喜立，李鹏，陈意.技术进步和税收在区域大气污染治理中的作用［J］.中国人口·资源与环境，2016，26（5）.

［101］吴传清，董旭.环境约束下长江经济带全要素能源效率研究［J］.中国软科学，2016（3）.

［102］吴永娇，马海州，董锁成.城市扩张进程中水环境污染成本响应模拟［J］.地理研究，2009，28（2）.

［103］夏炎，陈锡康，杨翠红.基于投入产出技术的能源效率新指标——生产能耗综合指数［J］.管理评论，2010（2）.

［104］向睿.交通能耗在城市绿色交通规划中的应用［D］.成都：西南交通大学，2011.

［105］徐业坤，钱先航，李维安.政治不确定性、政治关联与民营企业投资——来自市委书记更替的证据［J］.管理世界，2013（5）.

［106］许和连，邓玉萍.外商直接投资导致了中国的环境污染吗——基于中国省际面板数据的空间计量研究［J］.管理世界，2012（2）.

［107］许天启，张铁龙，张睿.政策不确定性与企业融资成本差异——基于中国EPU数据［J］.科研管理，2017，38（4）.

［108］杨红亮，史丹.能效研究方法和中国各地区能源效率的比较［J］.经济理论和经济管理，2008（3）.

［109］杨子江，张剑锋，冯长春.中原城市群集聚效应与最优规模演进研究［J］.地域研究与开发，2015（3）.

［110］姚洋，张牧扬.官员绩效与晋升锦标赛——来自城市数据的证据

[J]. 经济研究, 2013, 48 (1).

[111] 叶德珠, 潘爽, 武文杰, 周浩. 距离、可达性与创新——高铁开通影响城市创新的最优作用半径研究 [J]. 财贸经济, 2020, 41 (2).

[112] 叶金珍, 安虎森. 开征环保税能有效治理空气污染吗 [J]. 中国工业经济, 2017 (5).

[113] 于斌斌. 产业结构调整如何提高地区能源效率?——基于幅度与质量双维度的实证考察 [J]. 财经研究, 2017, 43 (1).

[114] 袁冬梅, 信超辉, 于斌. FDI 推动中国城镇化了吗——基于金融发展视角的门槛效应检验 [J]. 国际贸易问题, 2017 (5).

[115] 袁航, 朱承亮. 国家高新区推动了中国产业结构转型升级吗 [J]. 中国工业经济, 2018 (8).

[116] 袁晓玲, 张宝山, 杨万平. 基于环境污染的中国全要素能源效率研究 [J]. 中国工业经济, 2009 (2).

[117] 张兵兵, 朱晶. 出口对全要素能源效率的影响研究——基于中国37 个工业行业视角的经验分析 [J]. 国际贸易问题, 2015 (4).

[118] 张德钢, 陆远权. 市场分割对能源效率的影响研究 [J]. 中国人口·资源与环境, 2017 (1).

[119] 张琳琳, 岳文泽, 范蓓蕾. 中国大城市蔓延的测度研究——以杭州市为例 [J]. 地理科学, 2014, 34 (4).

[120] 张于喆. 中国特色自主创新道路的思考: 创新资源的配置、创新模式和创新定位的选择 [J]. 经济理论与经济管理, 2014 (8).

[121] 张玉鹏, 王茜. 政策不确定性的非线性宏观经济效应及其影响机制研究 [J]. 财贸经济, 2016, 37 (4).

[122] 郑思齐, 符育明, 刘洪玉. 城市居民对居住区位的偏好及其区位选择的实证研究 [J]. 经济地理, 2005 (2).

[123] 郑思齐, 霍燚. 低碳城市空间结构: 从私家车出行角度的研究 [J]. 世界经济文汇, 2010 (6).

[124] 郑思齐, 万广华, 孙伟增, 罗党论. 公众诉求与城市环境治理 [J]. 管理世界, 2013 (6).

［125］周黎安．中国地方官员的晋升锦标赛模式研究［J］．经济研究，2007（7）．

［126］周亮，车磊，周成虎．中国城市绿色发展效率时空演变特征及影响因素［J］．地理学报，2019，74（10）．

［127］朱向东，贺灿飞，李茜，毛熙彦．地方政府竞争、环境规制与中国城市空气污染［J］．中国人口·资源与环境，2018，28（6）．

［128］Abel A B. Optimal investment under uncertainty［J］. American Economic Review, 1983, 73（1）.

［129］Acemoglu D, Aghion P et al. The environment and directed technical change［J］. American Economic Review, 2012, 102（1）.

［130］Aguilera A, Mignot D. Urban sprawl, polycntrism and commuting: A comparison of seven french urban areas［J］. Urban Public Economics Review, 2004（1）.

［131］Al Marhubi F. Income inequality and inflation: The cross-country evidence［J］. Contemporary Economic Policy, 2000, 18（4）.

［132］Alam M. Urban sprawl and ecosystem services: A half century perspective in the Montreal area（Quebec, Canada）［J］. Journal of Environmental Policy & Planning, 2015, 17（2）.

［133］Alonso W. The economics of urban size［J］. Papers in Regional Science, 1971, 26（1）.

［134］Anh P Q. Internal determinants and effects of firm-level environmental performance: Empirical evidences from Vietnam［J］. Asian Journal of Social Science, 2015, 11（4）.

［135］Anselin L. Spatial econometric: Methods and models［J］. Journal of the American Statistical Association, 1990, 85（411）.

［136］Antonio Nélson Rodrigues da Silva, Costa G C F, Brondino N C M. Urban sprawl and energy use for transportation in the largest Brazilian cities［J］. Energy for Sustainable Development, 2007, 11（3）.

［137］Aslan A, Altinoz B, Ozsolak B. The link between urbanization and air pollution in Turkey: Evidence from dynamic autoregressive distributed lag simulations [J]. Environmental Science and Pollution, 2021, 28 (37).

[138] Aunan K, Wang S. Internal migration and urbanization in China: Impacts on population exposure to household air pollution (2000 – 2010) [J]. Science of the Total Environment, 2014, 481.

[139] Baker S R, Bloom N, Davis S J. Measuring economic policy uncertainty [J]. The Quarterly Journal of Economics, 2016, 131 (4).

[140] Bao Q, Shao M, Yang D. Environmental regulation, local legislation and pollution control in China [J]. Environment and Development Economics, 2021, 26 (4).

[141] Bar-llan A, Strange W C. Investment lags [J]. American Economic Review, 1996, 86 (3).

[142] Barredo, José I, Demicheli L. Urban sustainability in developing countries' megacities: Modelling and predicting future urban growth in Lagos [J]. Cities, 2003, 20 (5).

[143] Bellone F, Musso P et al. Financial constraints and firm export behavior [J]. World Economics, 2010, 33 (3).

[144] Benati L. Economic policy uncertainty and the great recession [J]. Journal of Applied Ecomometrics, 2013.

[145] Bereitschaft B, Debbage K. Urban form air pollution and $CO_2$ emissions in large U. S. metropolitan areas [J]. The Professional Geographer, 2013, 65 (4).

[146] Bertaud A. Clearing the air in Atlanta: Transit and smart growth or conventional economics [J]. Journal of Urban Economics. 2003, 54 (3).

[147] Bleakley H, Lin J. Portage and path dependence [J]. The Quarterly Journal of Economics, 2012, 127 (2).

[148] Qin B, Wu J F. Does urban concentration mitigate $CO_2$ emissions? Evidence from China 1998 – 2008 [J]. China Economic Review, 2015, 35.

[149] Born B, Pfeifer J. Risk matters: The real effects of volatility shocks: Comment [J]. American Economic Review, 2014, 104 (12).

[150] Bosker M, E Buringh. City seeds: Geography and the origins of the European city system [J]. Journal of Urban Economics, 2017, 98 (3).

[151] Brandt L, Biesebroeck J V, Zhang Y F. Creative accounting or creative destruction? Firm-level productivity growth in Chinese manufacturing [J]. Journal of Development Economics, 2012, 97 (2).

[152] Brueckner J K, Kim H A. Land markets in the Harris – Todaro model: A new factor equilibrating Rural – Urban migration [J]. Journal of Regional Science, 2001, 41 (3).

[153] Burchfield M, Overman H G et al. Causes of sprawl: A portrait from space [J]. The Quarterly Journal of Economics, 2006, 121 (2).

[154] Burgalassi D, Luzzati T. Urban spatial structure and environmental emissions: A survey of the literature and some empirical evidence for Italian NUTS 3 regions [J]. Cities, 2015, 49 (12).

[155] Calomiris C W, Love I, Pería M S M. Stock returns' sensitivities to crisis shocks: Evidence from developed and emerging markets [J]. Journal of International Money & Finance, 2012, 31 (31).

[156] Cao B, Wang S H. Opening up, international trade, and green technology progress [J]. Journal of Cleaner Production, 2016, 142 (2).

[157] Cao X, Yang W. Examining the effects of the built environment and residential self-selection on commuting trips and the related $CO_2$ emissions: An empirical study in Guangzhou, China [J]. Transportation Research Part D: Transport and Environment, 2017, 52.

[158] Carl Pope. American are saying no to sprawl [R]. PEPRC Reports, 1999.

[159] Carrière – Swallow Y, Céspedes L F. The impact of uncertainty shocks in emerging economies [J]. Journal of International Economics, 2013, 90 (2).

[160] Carroll C D, Samwick A. How important is precautionary saving? [J]. Review of Economics and Statistics, 1998, 80 (3).

[161] Cervero R, Ferrell C, Murphy S. Transit-oriented development and

joint development in the United States: A literature review [J]. TCRP Research Results Digest, 2002.

[162] Cervero R, Landis J. Suburbanization of jobs and the journey to work: A submarket analysis of commuting in the San Francisco Bay Area [J]. Journal of Advanced Transportation, 1992, 26 (3).

[163] Cervero R, WU K L. Polycentrism, commuting, and residential location in the San Francisco Bay Area [J]. Environment and Planning A, 1997, 29 (5).

[164] Cervero R. Mixed land-uses and commuting: Evidence from the American housing survey [J]. Transportation Research, 1996, 30 (5).

[165] Chay K Y, Greenstone M. Does air quality matter? Evidence from the housing market [J]. Journal of Political Economy, 2005, 113 (2).

[166] Chen H, Jia B, Lau S. Sustainable urban form for Chinese compact cities: Challenges of a rapid urbanized economy [J]. Habitat International, 2008, 32 (1).

[167] Ciccone A, Hall R. Productivity and the density of economic activity [J]. American Economic Review, 1996, 86 (1).

[168] Cieslewicz D J. The environmental impacts of sprawl [J]. Urban Sprawl: Causes, Consequences and Policy Responses, 2002.

[169] Clark L P, Millet D B, Marshall J D. Air quality and urban form in U. S. urban areas: Evidence from regulatory monitors [J]. Environmental Science and Technology, 2011, 45 (16).

[170] Clawson M. Urban sprawl and speculation in suburban land [J]. Land Economics, 1962, 38 (2).

[171] Coevering P V D, Schwanen T. Re-evaluating the impact of urban form on travel patterns in Europe and North – America [J]. Transport Policy, 2006, 13 (3).

[172] Cole M A, Elliott R J R, Shimamoto K. Industrial characteristics, environmental regulations and air pollution: An analysis of the UK manufacturing sec-

tor [J]. Journal of Environmental Economics and Management, 2005, 50 (1).

[173] Conley T G, Molinari F. Spatial correlation robust inference with errors in location or distance [J]. Journal of Econometrics, 2007, 140 (1).

[174] Cooper W W, Seiford L M, Tone K. Introduction to data envelopment analysis and its uses [M]. Springer Books, 2006.

[175] Copeland B R, Taylor M S. Trade and the environment [M]. Princeton University Press, 2010.

[176] Crawford B, Christen A. Spatial variability of carbon dioxide in the urban canopy layer and implications for flux measurements [J]. Atmospheric Environment, 2014, 98 (12).

[177] Davis D R, D E Weinstein. Bones, bombs, and break points: The geography of economic activity [J]. The American Economic Review, 2002, 92 (5).

[178] DeSalvo J, Su Q. An empirical analysis of determinants of multi-dimensional urban sprawl [R]. University of South Florida, Department of Economics, 2013.

[179] DeSalvo J, Su Q. Determinants of urban sprawl: A panel data approach [R]. University of South Florida, Department of Economics, 2013.

[180] Dong Z X, Wang S X et al. Regional transport in Beijing – Tianjin – Hebei region and its changes during 2014 – 2017: The impacts of meteorology and emission reduction [J]. The Science of the Total Environment, 2020, 737.

[181] Dupras J, Marull J et al. The impacts of urban sprawl on ecological connectivity in the montreal metropolitan region [J]. Environmental Science & Policy, 2016, 58.

[182] Echenique M H, Hargreaves A J et al. Growing cities sustainably: Does urban form really matter? [J]. Journal of the American Planning Association, 2012, 78 (2).

[183] Ehrenfeld J. Putting a spotlight on metaphors and analogies in industrial ecology [J]. Journal of Industrial Ecology, 2003, 7 (1).

［184］Elvidge C D, Ziskin D et al. A fifteen year record of global natural gas flaring derived from satellite data ［J］. Energies, 2009, 2 (3).

［185］Evert J M, Martijn J B. Spatial structure and productivity in US metropolitan areas ［J］. Environment and Planning A, 2010, 42 (6).

［186］Ewing R, Pendall R, Chen D. Measuring sprawl and its transportation impacts ［J］. Transportation Research Record: Journal of the Transportation Research Board, 2003, 1831.

［187］Fallah B N, Partridge M D, Olfert M R. Urban sprawl and productivity: Evidence from US metropolitan areas ［J］. Papers in Regional Science, 2011, 90 (3).

［188］Fazal S. The need for preserving farmland: A case study from a predominantly agrarian economy (India) ［J］. Landscape Urban Planning, 2001, 55 (1).

［189］Feng Y. Political freedom, political instability and policy uncertainty: A study of political institutions and private investment in developing countries ［J］. International Studies Quarterly, 2001, 45 (2).

［190］Fernández – Villaverde J, Guerrón – Quintana P et al. Fiscal volatility shocks and economic activity ［J］. American Economic Review, 2015, 105 (11).

［191］Fernández – Villaverde J, Guerrón – Quintana P et al. Risk matters: The real effects of volatility shocks ［J］. American Economic Review, 2011, 101 (9 – 13).

［192］Fujii H, Managi S, Kaneko S. Wastewater pollution abatement in China: A comparative study of fifteen industrial sectors from 1998 to 2010 ［J］. Journal of Environment Protection Engineering, 2013, 4 (3).

［193］Fujiwara T, Hwang J H et al. JBIR – 44, a new bromotyrosine compound from a marine sponge psammaplysilla purpurea ［J］. Journal of Antibiotics, 2009, 62 (7).

［194］Fulton W B, Pendall R et al. Who sprawls most? How growth patterns differ across the US ［M］. Washington, DC: Brookings Institution, Center on Urban and Metropolitan Policy, 2001.

[195] Gao Q, Yu M. Discerning fragmentation dynamics of tropical forest and wetland during reforestation, urban sprawl, and policy shifts [J]. Plos One, 2014, 9 (11).

[196] Galster G, Royce H et al. Wrestling sprawl to the ground: Defining and measuring an elusive concept [J]. Housing Policy Debate, 2001, 12 (4).

[197] Ghanem D, Zhang J J. Effortless perfection: Do Chinese cities manipulate air pollution data? [J]. Journal of Environmental Economics Management, 2014, 68 (2).

[198] Ghanem H S, Lavery N. Can the land tax help curb urban sprawl? Evidence from growth patterns in pennsylvania [J]. Journal of Urban Economics, 2010, 67 (2).

[199] Gilchrist S, Sim J W et al. Uncertainty, financial frictions and investment dynamics [R]. National Bureau of Economic Research, 2014.

[200] Gillham O. The limitless city: a primer on the urban sprawl debate [M]. Island Press, 2002.

[201] Glaeser E L, Kahn M E. Sprawl and urban growth [J]. Handbook of Regional and Urban Economics, 2004, 4 (3).

[202] Glaeser E L, Kahn M E. The greenness of cities: Carbon dioxide emissions and urban development [J]. Journal of Urban Economics, 2010, 67 (3).

[203] Goldberg D. $CO_2$ sequestration beneath the seafloor: Evaluating the in situ properties of natural hydrate-bearing sediments and oceanic basalt crust [J]. International Journal of the Society of Materials Engineering for Resources, 1999, 7 (1).

[204] Gómez – Antonio M, Hortas – Rico M, Li L. The causes of urban sprawl in Spanish urban areas: A spatial approach [J]. Spatial Economic Analysis, 2016, 11 (2).

[205] Gordon P, Richardson H W. Are compact cities a desirable planning goal? [J]. Journal of the American Planning Association, 1997, 63 (1).

[206] Green R H, Doyle W C. A cote on the additive data envelopment analysis model [J]. Journal of the Operational Research Society, 1997, 48 (4)

[207] Greenland A, Ion M, Lopresti J. Policy uncertainty and the margins of trade [J]. Social Science Electronic Publishing, 2014.

[208] Greenstone M, List J A, Syverson C. The effects of environmental regulation on the competitiveness of US manufacturing [J]. NBER Working Papers, 2012.

[209] Guan D, Liu Z et al. The gigatonne gap in China's carbon dioxide inventories [J]. Nature Climate Change, 2012, 2 (9).

[210] Gudipudi R, Fluschnik T et al. City density and $CO_2$ efficiency [J]. Energy Policy, 2016, 91 (4).

[211] Gulen H, Ion M. Policy uncertainty and corporate investment [J]. Review of Financial Studies, 2016, 29 (3).

[212] Haase D, Nuissl H. Does urban sprawl drive changes in the water balance and policy? The case of Leipzig (Germany) 1870 – 2003 [J]. Landscape and Urban Planning, 2007, 80 (1 – 2).

[213] Hancevic P I. Environmental regulation and productivity: The case of electricity generation under the CAAA – 1990 [J]. Energy Economics, 2016, 60.

[214] Handley K, Limao N. Trade and investment under policy uncertainty: Theory and firm evidence [J]. American Economic Journal: Economic Policy, 2015, 7 (4).

[215] Hanna R. US environmental regulation and FDI: Evidence from a panel of US – based multinational firms [J]. American Economic Journal: Applied Economics, 2010, 2 (3).

[216] Harrison A E, Hyman B et al. When do firms go green? Comparing command and control regulations with price incentives in India [J]. Social Science Electronic Publishing, 2015.

[217] Harrison J. Reflections on the role of international courts and tribunals in the settlement of environmental disputes and the development of international envi-

ronmental law [J]. Journal of Environmental Law, 2013, 25 (3).

[218] Hartman R. The effect of price and cost uncertainty on investment [J]. Journal of Economic Theory, 1972, 5 (2).

[219] Hasse J E. Geospatial indices of urban sprawl in new jersey [D]. Rutgers, the State University of New Jersey, 2002.

[220] He J, Wang S et al. Examining the relationship between urbanization and the eco-environment using a coupling analysis: Case study of Shanghai, China [J]. Ecological Indicators, 2017, 100 (77).

[221] Henderson J V, Ioannides Y M. Owner occupancy: Investment vs consumption demand [J]. Journal of Urban Economics, 1987, 21 (2).

[222] Hering L, Poncet S. Environmental policy and trade performance: Evidence from China [J]. Environmental Economics and Management, 2014, 68 (4).

[223] Hesam M, Purahmad A, Ashor H. Environmental impacts of urban sprawl (case study: Gorgan) [J]. Journal of Environmental Studies, 2013, 39 (3).

[224] Heubeck S. Competitive sprawl [J]. Economic Theory, 2009, 39 (3).

[225] Holcombe R G, Williams P E W. Urban sprawl and transportation externalities [J]. Review of Regional Studies, 2010, 40 (3).

[226] Holden E, Norland I T. Three challenges for the compact city as a sustainable urban form: Household consumption of enemy and transport in eight residential areas in the greater Oslo region [J]. Urban Studies, 2005, 42 (12).

[227] Honma S, Hu J L. Total-factor energy efficiency of regions in Japan [J]. Energy Policy, 2008, 36 (2).

[228] Hu J L, Wang S C. Total-factor energy efficiency of regions in China [J]. Energy policy, 2006, 34 (17).

[229] Huan H F, Zhu Y M, Liu J S. Environmental legislation and pollution emissions: An empirical analysis based on China [J]. Polish Journal of Environmental Studies, 2021, 30 (5).

[230] Huang L, Yan L J, Wu J G. Assessing urban sustainability of Chinese

megacities: 35 years after the economic reform and open-door policy [J]. Landscape and Urban Plan, 2016, 145.

[231] Johnson M P. Environmental impacts of urban sprawl: A survey of the literature and proposed research agenda [J]. Environment and Planning A, 2001, 33 (4).

[232] Julio B, Yook Y. Political Uncertainty and corporate investment cycles [J]. The Journal of Finance, 2012, 67 (1).

[233] Kahn M E, Schwartz J. Urban air pollution progress despite sprawl: The 'Greening' of the vehicle fleet [J]. Journal of Urban Economics, 2008, 63 (3).

[234] Krugman P. Space: The final frontier [J]. The Journal of Economic Perspectives, 1998, 12 (2).

[235] Lee B, Gordon P. Urban spatial structure and economic growth in US metropolitan areas [C]. 46th Annual Meetings of the Western Regional Science Association, California, 2007.

[236] Li X S, Shu Y X, Jin X. Environmental regulation, carbon emissions and green total factor productivity: A case study of China [J]. Environment, Development and Sustainability, 2021.

[237] Lin B, Chen Z. Does factor market distortion inhibit the green total factor productivity in China? [J]. Journal of Cleaner Production, 2018, 197.

[238] Lin H, Su J. A case study on adoptive management innovation in China [J]. Journal of Organizational Change Management, 2014, 27 (1).

[239] Liu Z, He C et al. Extracting the dynamics of urban expansion in China using DMSP – OLS nighttime light data from 1992 to 2008 [J]. Landscape & Urban Planning, 2012, 106 (1).

[240] Lopez R, Hynes H P. Sprawl in the 1990s: Measurement, distribution and trends [J]. Urban Affairs Review, 2003, 38 (3).

[241] Lu T. Study on effectiveness of government governance in the cities with serious air pollution: A case study of Zhengzhou city [J]. Meteor Environment Re-

search, 2019, 10 (6).

[242] Luo Z, Wan G et al. Urban pollution and road infrastructure: A case study of China [J]. China Economic Review, 2018, 49.

[243] Lv C C, Shao C H, Lee C. Green technology innovation and financial development: Do environmental regulation and innovation output matter? [J]. Energy, Economics, 2021, 98, 105237.

[244] Ma H T, Fang C L et al. Structure of Chinese city network as driven by technological knowledge flows [J]. Chinese Geographical Science, 2015, 25 (4).

[245] Ma Y X, Zhang J et al. The relationship among government, enterprise, and public in environmental governance from the perspective of multi-player evolutionary game [J]. International Journal of Environmental Research and Public Health, 2019, 16 (18).

[246] Manku G S, Jain A, Sarma A D. Detecting near-duplicates for web crawling [C]. International Conference on World Wide Web, ACM, New York, USA, 2007.

[247] Marius Brülhart, Federica Sbergami. Agglomeration and growth: cross-country evidence [J]. Journal of Urban Economics, 2008, 65 (1).

[248] Marshall A. Principles of economics [M]. London: Macmillan, 1890.

[249] McDonald R, Siegel D. The value of waiting to invest [J]. The Quarterly Journal of Economics, 1986, 101 (4).

[250] Meijers E J, Burger M J. Spatial structure and productivity in US metropolitan areas [J]. Environment and Planning A, 2010, 42 (6).

[251] Melitz M J. The impact of trade on intra-industry reallocations and aggregate industry productivity [J]. Econometrica, 2003, 71 (6).

[252] Meng L, Graus W et al. Estimating $CO_2$ emissions at urban scales by DMSP/OLS defense meteorological satellite program's operational linescan system nighttime light imagery: Methodological challenges and a case study for China [J]. Energy, 2014, 71.

[253] Merbitz H, Buttstadt Metal. GIS – based identification of spatial varia-

bles enhancing heat and poor air quality in urban areas [J]. Applied Geographical, 2012, 33.

[254] Miller S, Vela M. Are environmentally related taxes effective? [J]. Social Science Electronic Publishing, 2013.

[255] Mills E S. Urban sprawl causes, consequences and policy responses: Gregory D. Squires, editor. Washington D. C. : Urban institute press, 2002 [J]. Regional Science & Urban Economics, 2003, 33 (2).

[256] Mindali O, Raveh A, Salomon I. Urban density and enemy consumption: A new look at old statistics [J]. Transportation Research Part A Policy & Practice, 2004, 38 (2).

[257] Mubarak F A. Urban growth boundary policy and residential suburbanization: Riyadh, Saudi Arabia [J]. Habitat International, 2004, 28 (4).

[258] Munisamy S, Arabi B. Eco-efficiency change in power plants: Using a slacks-based measure for the meta-frontier Malmquist – Luenberger productivity index [J]. Journal of Cleaner Production, 2015, 105.

[259] Navita M, Seema G. Technology and sustainable solutions: An approach for curbing air pollution in India: Way forward lessons to learn [J]. International Journal of Recent Technology and Engineering, 2020.

[260] Newman P W G, Kenworthy J R. Gasoline consumption and cities: A comparison of US cities in a global survey [J]. Journal of the American Planning Association, 1989, 55 (1).

[261] Nieuwerburgh S, Veldkamp L. Inside information and the own company stock puzzle [J]. Journal of the European Economic Association, 2006, 4 (2 – 3).

[262] Oi W Y. The desirability of price instability under perfect competition [J]. Econometrica, 1961, 29 (1).

[263] Ouyang X L, Fang X M et al. Factors behind $CO_2$ emission reduction in Chinese heavy industries: Do environmental regulations matter? [J]. Energy Policy, 2021, 145, 111765.

[264] Pastor L, Veronesi P. Uncertainty about government policy and stock

prices [J]. The Journal of Finance, 2012, 67 (4).

[265] Pástor ? Veronesi P. Political uncertainty and risk premia [J]. Journal of Financial Economics, 2013, 110 (3).

[266] Peiser R. Decomposing urban sprawl [J]. Town Planning Review, 2001, 72 (3).

[267] Pendall R. Do land-use controls cause sprawl? [J]. Environment & Planning B Planning & Design, 1999, 26 (4).

[268] Peter C. Van Metre et al. Furlong urban sprawl leaves its PAH signature [J]. Environmental Science & Technology, 2001, 35 (9).

[269] Ping W, Wu W et al. Examining the impact factors of energy-related $CO_2$ emissions using the STIRPAT model in Guangdong province, China [J]. Applied Energy, 2013, 106 (11).

[270] Pucher J, Peng Z R et al. Urban transport trends and policies in China and India: Impacts of rapid economic growth [J]. Transport Reviews, 2007, 27 (4).

[271] Qiu F D, Chen Y et al. Spatial-temporal heterogeneity of green development efficiency and its influencing factors in growing metropolitan area: A case study for the Xuzhou metropolitan area [J]. Chinese Geographical Science, 2020, 30 (2).

[272] Ridder K D, Lefebre F et al. Simulating the impact of urban sprawl on air quality and population exposure in the German Ruhr Area. Part II: Development and evaluation of an urban growth scenario [J]. Atmospheric Environment, 2008, 42 (30).

[273] Sbergami F. Agglomeration and economic growth: Some puzzles [R]. Graduate Institute of International Studies, 2002.

[274] Schlenker W, Walker W R. Airports, air pollution and contemporaneous health [J]. Review of Economic Studies, 2015, 83 (2).

[275] Schoolman E D, Ma C. Migration, class and environmental inequality: Exposure to pollution in China's Jiangsu province [J]. Ecological Economics,

2012, 75 (1).

[276] Schwanen T, Dieleman F M, Dijst M. Travel behaviour in Dutch monocentric and policentric urban systems [J]. Journal of Transport Geography, 2001, 9 (3).

[277] Segal G, Shaliastovich I, Yaron A. Good and bad uncertainty: Macro-economic and financial market implications [J]. Journal of Financial Economics, 2015, 117 (2).

[278] Shan Y, Guan D et al. City-level climate change mitigation in China [J]. Science Advances, 2018, 4 (6).

[279] Shapiro J S, Walker R. Why is pollution from US manufacturing declining? The roles of environmental regulation, productivity, and trade [J]. American Economic Review, 2018, 108 (12).

[280] Shi K, Yun C et al. Modeling spatiotemporal $CO_2$ emission dynamics in China from DMSP – OLS nighttime stable light data using panel data analysis [J]. Applied Energy, 2016, 168.

[281] Shim G E, Rhee S M et al. The relationship between the characteristics of transportation energy consumption and urban form [J]. Annals of Regional Science, 2006, 40 (2).

[282] Song Y, Knaap G J. Measuring urban form: Is Portland winning the war on sprawl? [J]. Journal of the American Planning Association, 2004, 70 (2).

[283] Song Y, Zenou Y. Property tax and urban sprawl: Theory and implications for US cities [J]. Journal of Urban Economics, 2006, 60 (3).

[284] Stone B, Mednick A C et al. Is compact growth good for air quality? [J]. Journal of the American Planning Association, 2007, 73 (4).

[285] Sveikauskas L. The productivity of cities [J]. Quarterly Journal of Economics, 1975, 89 (3).

[286] Tao F, Zhang H et al. Growth of green total factor productivity and its determinants of cities in China: A spatial econometric approach [J]. Emerging Markets Finance and Trade, 2017, 53 (2).

［287］ Tone K A. Slacks-based measure of efficiency in data envelopment analysis ［J］. European Journal Operational Research, 2001, 130 (3).

［288］ Tone K, Tsutsui M. Network DEA: A slacks-based measure approach ［J］. European Journal Operational Research, 2009, 197 (1).

［289］ Torrens P M. A toolkit for measuring sprawl ［J］. Applied Spatial Analysis and Policy, 2008, 1 (1).

［290］ Trevlopoulos N S, Tsalis T A, Nikolaou I E. A framework to identify influences of environmental legislation on corporate green intellectual capital, innovation, and environmental performance: A new way to test porter hypothesis ［J］. International Journal of Operations Research and Information Systems, 2021, 12 (1).

［291］ Verhoef E T, Nijkamp P. Externalities in urban sustainability: Environmental versus localization-type agglomeration externalities in a general spatial equilibrium model of a single-sector monocentric industrial city ［J］. Ecological Economics, 2002, 40 (2).

［292］ Virkanen J. Effect of urbanization on metal deposition in the bay of Töölönlahti Southern Finland ［J］. Marine Pollution Bulletin, 1998, 36 (9).

［293］ Walker W R. The transitional costs of sectoral reallocation: Evidence from the clean air act and the workforce ［J］. The Quarterly Journal of Economics, 2013, 128 (4).

［294］ Wang L, Wang S et al. Mapping population density in China between 1990 and 2010 using remote sensing ［J］. Remote Sensing of Environment, 2018, 210.

［295］ Wang M, Madden M, Liu X. Exploring the relationship between urban forms and $CO_2$ emissions in 104 Chinese cities ［J］. Journal of Urban Planning and Development, 2017, 143 (4).

［296］ Wang Y, Chen C R, Huang Y S. Economic policy uncertainty and corporate investment: Evidence from China ［J］. Pacific - Basin Finance Journal, 2014, 26.

［297］ Wang Y, Shen N. Environmental regulation and environmental productivity: The case of China ［J］. Renewable and Sustainable Energy Reviews, 2016, 62.

［298］ Watanabe M, Tanaka K. Efficiency analysis of Chinese industry: A directional distance function approach ［J］. Energy Policy, 2007, 35 (12).

［299］ Whyte W H Jr. Urban sprawl: The exploding metropolis ［M］. New York, Doubleday, 1958.

［300］ Xie R, Fu W et al. Effects of financial agglomeration on green total factor productivity in Chinese cities: Insights from an empirical spatial Durbin model ［J］. Energy Economics, 2021, 101, 105449.

［301］ Yang Z, Fan M et al. Does carbon intensity constraint policy improve industrial green production performance in China? A quasi – DID analysis ［J］. Energy Economics, 2017, 68.

［302］ Yi K, Tani H et al. Mapping and evaluating the urbanization process in northeast China using DMSP/OLS nighttime light data ［J］. Sensors, 2014, 14 (2).

［303］ Youngbae S. Influence of new town development on the urban heat island-the case of the Bundang area ［J］. Journal of Environmental Sciences, 2005, 17 (4).

［304］ Yu D S, Li X P et al. The impact of the spatial agglomeration of foreign direct investment on green total factor productivity of Chinese cities ［J］. Journal of Environmental Management, 2021, 290, 112666.

［305］ Zhang B B, Tian X. Economic transition under carbon emission constraints in China: An evaluation at the city level ［J］. Emerging Markets Finance and Trade, 2019, 55 (6).

［306］ Zhang S L, Wang Y et al. Shooting two hawks with one arrow: Could China's emission trading scheme promote green development efficiency and regional carbon equality? ［J］. Energy Economics, 2021, 101, 105412.

［307］ Zhang W, Huang B, Luo D. Effects of land use and transportation on carbon sources and carbon sinks: A case study in Shenzhen, China [J]. Land-scape and Urban Planning, 2014, 122.

[308] Zhao M L, Liu F Y et al. The relationship between environmental regu-lation and green total factor productivity in China: An empirical study based on the panel data of 177 cities [J]. International Journal of Environmental Research and Public Health, 2020, 17 (15).

[309] Zhou Yan, Zhao Lin. Impact analysis of the implementation of cleaner production for achieving the low-carbon transition for SMEs in the Inner Mongolian coal industry [J]. Journal of Cleaner Production, 2016, 127.

[310] Zhu X H, Chen Y, Feng C. Green total factor productivity of China's mining and quarrying industry: A global data envelopment analysis [J]. Resources Policy, 2018.